扫描二维码，安装加阅App，注册成功后可以在手机上观看与本书配套的视频和深度解读文章。对于图旁带有图标的图片，扫描图片后可以播放摄影前后期讲解视频，对于图旁带有图标的图片，扫描图片后可以阅读深度解读专业摄影技术文章。

数码单反摄影教程

雷　波　著

清华大学出版社　北京交通大学出版社
·北京·

内 容 简 介

本书是一本能够帮助读者快速入门单反摄影并精通各类常见题材拍摄技法的基础性、实用型图书。本书内容包括摄影入门理念、数码单反相机操作、镜头、附件、曝光、景深、对焦、光线、构图等摄影知识，同时还讲解了人像、儿童、建筑、城市夜景、风光、昆虫、宠物、鸟类等多种常见摄影题材的拍摄技法。通过认真阅读本书，便可以轻松让零接触摄影的读者入门数码单反摄影。

笔者将通过微信、论坛、400电话等形式服务各位读者，以确保各位读者通过阅读学习本书真正掌握摄影的精髓。

图书在版编目(CIP)数据

数码单反摄影教程/雷波著. —北京：北京交通大学出版社：清华大学出版社，2018.1

ISBN 978-7-5121-3391-4

I. ①数…　II. ①雷…　III. ①数字照相机—单镜头反光照相机—摄影技术　IV. ①TB86　②J41

中国版本图书馆CIP数据核字（2017）第265662号

数码单反摄影教程

SHUMA DANFAN SHEYING JIAOCHENG

责任编辑：韩素华

出版发行：清 华 大 学 出 版 社　　邮编：100084　　电话：010-62776969

　　　　　北京交通大学出版社　　邮编：100044　　电话：010-51686414

印 刷 者：北京艺堂印刷有限公司

经　　销：全国新华书店

开　　本：235 mm×210 mm　　印张：13.75　　字数：675千字

版　　次：2018年1月第1版　　2018年1月第1次印刷

书　　号：ISBN 978-7-5121-3391-4/TB • 26

印　　数：1～5 000册　　定价：68.00元

本书如有质量问题，请向北京交通大学出版社质监组反映。对您的意见和批评，我们表示欢迎和感谢。

投诉电话：010- 51686043，51686008；传真：010-62225406；E-mail：press@bjtu.edu.cn。

本书编委会

前　言

本书从相机功能、摄影知识、实拍技巧三个方面，对数码单反摄影的相关知识点进行了深入剖析和详细讲解，并配以大量精美的照片，以引领读者快速进入摄影殿堂，掌握摄影的核心理念与技能。

从本书的内容结构划分来看，第 1 章讲解了摄影入门的一些基本理念，第 2 ～ 4 章的内容偏“硬”，主要讲解了与相机机身、镜头、附件有关的内容。第 5 ～ 11 章的内容偏“软”，主要讲解了光圈、快门速度、景深、构图、用光等摄影基础知识。尤其需要指出的是，摄影是“光”与“影”的艺术，不懂光影运用技巧只能停留在“拍照”的层次；而“构图”则是照片的骨架，构图完美是好照片的标准之一。这两部分知识也是本书的重点内容之一。第 12 ～ 15 章是实战拍摄技能讲解部分，对美女与儿童、建筑、城市夜景、风光、昆虫、宠物、鸟类等多种常见摄影题材的拍摄技法及拍摄要点进行了深入剖析。相信通过学习本书并辅以适当练习，摄影爱好者们在拍摄这些题材时，一定能够有所收获。

为了使阅读学习方式更符合融媒体时代的特点，本书加入视频教学和深度解读文章教学，用手机扫描相应的图即可获取相关资讯，视频均由专业摄影师讲解，通俗易懂；而深度解读文章内容丰富实用，涉及题材广泛。

此外，本书还附赠以下 4 本电子书，同样可以通过扫码下载阅读学习，这无疑极大地提升了本书的性价比。

- 《佳能镜头手册》电子书。
- 《尼康镜头手册》电子书。
- 《数码单反摄影常见问题 150 例》电子书。
- 《人像摆姿》电子书。

为了方便广大读者及时与编者交流和沟通，欢迎读者朋友加入光线摄影交流 QQ 群（群 9：494765455，群 10：569081619，群 11：545094365）或关注笔者的微博 http://weibo.com/leibobook 或微信公众号“好机友摄影”，每日接收最新、最实用的摄影资讯。读者朋友也可以拨打笔者的 400 电话 4008367388，与笔者沟通交流。

本书可作为高等院校艺术专业、摄影专业的教材，也可作为数码单反摄影初、中级读者的参考用书。本书是指导读者如何在较短时间内用好相机、学好理论、拍好照片的综合摄影教程。

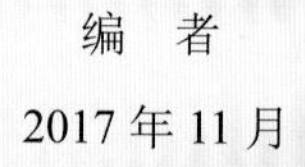

编　者

2017 年 11 月

佳能镜头手册

尼康镜头手册

数码单反摄影常见问题150例

人像摆姿

微信公众号

Chapter 01 摄影入门理念

Chapter 02 数码单反相机操作快速上手

Chapter 03 说说镜头那些事

Chapter 04 可以为照片增色的常用附件

Chapter 05 透彻理解曝光三要素

Chapter 06 高级曝光模式的应用场景

Chapter 07 正确测光与对焦是成功拍摄的前提

Chapter 08 必须掌握的高级曝光技巧

Chapter 09 了解摄影构图中的主要构成

Chapter 10 构图的基础知识与构图形式

Chapter 11 认识光线

Chapter 12 美女与儿童摄影

Chapter 13 建筑与城市夜景摄影

Chapter 14 风光实拍技巧

Chapter 15 昆虫、宠物与鸟类实拍技巧

生活是纸张，而摄影是彩笔。

Chapter 01 摄影入门理念

什么是高品质照片

学好摄影的一些理念

主题明确

主题是摄影作品的灵魂，是摄影师希望通过画面表达呈现给观众的核心。照片是否有主题，或者其主题是否有意义，是判断摄影作品价值的关键。

➤ 表现夕阳景象时，为了打破单调、乏味的感觉，画面中纳入了散步的恋人，在金色光线的渲染下，画面给人一种夕阳下惬意的感觉

【焦距：135 mm ┆ 光圈：f/6.3 ┆ 快门速度：1/250 s ┆ 感光度：ISO100】

通过练习学好摄影的方法

画面细腻，清晰

高度细腻、清晰的画面总是会给观者留下深刻印象，所以能够清晰地再现客观事物是对摄影最基本的要求。除此之外，如果可以将被摄对象的表面质感逼真地呈现出来，则可以更进一步提高画面的视觉冲击力。

➤ 将周围的环境虚化后，很好地突出了画面中清晰的蜜蜂，由于曝光合适，画面层次细腻，没有出现细节部分的损失

【焦距：105 mm ┆ 光圈：f/2.8 ┆ 快门速度：1/800 s ┆ 感光度：ISO100】

画面层次丰富，影调过渡和谐

一张光影效果丰富、明暗过渡和谐、色彩层次丰富的画面是最能体现照片品质的。一般情况下，高品质的摄影作品都有恰到好处的对比度和反差，从亮部到暗部的影调、细节、层次等都能很好地表现出来，并且相互之间的过渡也非常自然，不会出现这些元素的缺失或生硬感。

【焦距：230 mm ┆ 光圈：f/22 ┆ 快门速度：1/80 s ┆ 感光度：ISO100】

▲ 使用点测光对天空处进行测光，得到层次细腻的画面

色彩真实生动

一张色彩鲜艳、饱和度高且又不失真的照片，可以给人以强烈的视觉感受，但过分追求色彩效果反而会给人以虚假的感觉。所以想要得到高品质的照片，就需要对色彩有良好的控制和拿捏，保证画面的色调生动醒目且真实自然。

【焦距：35 mm ┆ 光圈：f/9 ┆ 快门速度：1/100 s ┆ 感光度：ISO250】

▲ 夕阳西下，天空中冷暖结合的色调非常漂亮，真实的色彩使得画面看起来令人印象深刻

构图完美和谐

摄影是一种视觉美的表现形式，仅有内容的摄影作品是不完整的，必须通过构图手段将这些内容以艺术化的表现形式呈现给观众，使观众首先在视觉上感受到照片的美妙，才可以称得上是一幅好作品，可以说，构图形式是一张照片的骨架。除了使照片更美观外，构图还起到突出画面重点的作用，通常未经摄影师构图处理的画面会显得散乱，画面重点不清，这直接影响照片要表现的主题。

➤ 前景的石头与远山形成的虚线引导观者的视觉流程，也起到平衡画面的作用。利用三分法构图的画面中，地面占据较大的面积，前景中的暗调地面不仅衬托得落日更加明亮，也增强了画面的空间感

【焦距：35 mm ┊光圈：f/7.1 ┊快门速度：1/200 s ┊感光度：ISO100】

好照片是怎样拍成的

模仿好的照片

一些大师的作品中往往蕴含着很多可以借鉴的技巧，平时多看、多分析这些大师的作品，尤其是他们的成名作，可以学到很多东西。从照片的用光、构图、用色到表达的思想，慢慢琢磨、品味，在拍摄时尽量回想这些比较经典的因素，并运用到自己的作品中去，经过一段时间的练习，就可以拍出质量上乘的照片了。

手动调整色温，增加天空的暖色调

岩石成为视觉中心点

高水平线构图意在突出表现海边的岩石和雾状的海水

长焦镜头拉近海边岩石，使其质感在画面中得到很好的呈现

利用中灰镜来降低快门速度，从而拍摄到雾化的海水

跟着感觉走

拍摄是一件非常快乐的事情，但无论拍摄什么题材的摄影作品，都需要有思想、有主题，最忌讳的就是漫无目的地盲目拍摄。

当然，也不是定好一个主题就一直拍摄下去，在实际拍摄过程中，很可能会有不错的灵感，新的创意或许会改变你所拍主题的初衷，但跟着感觉走往往会拍到令自己满意的作品。

➤ 原本不起眼的树叶与花瓣，在摄影师的眼里也成了被摄对象，在生活中只要细心观察，同样可以捕捉到不错的画面

【焦距：35 mm ┆ 光圈：f/14 ┆ 快门速度：1/250 s ┆ 感光度：ISO100】

寻找具有吸引力的主体

通常一张好照片会用一个主体对象来表现主题。无论整幅画面有多少复杂的元素，但其中心只有一个。这个中心可以是一个人，也可以是一群人或一组事物。一张好照片总能将观者的视线吸引到所表现主题的事物上来。

一些初学者往往在拍到一幅背景虚化的人物照片后会感觉非常好，这正是因为大光圈虚化了画面中无用的部分，突出了主体。

➤ 一朵普通的花不足以让摄影师按下快门，但停驻的蜻蜓为画面增添了生气，逆光下其透明的翅膀看起来非常漂亮

【焦距：185 mm ┊ 光圈：f/3.2 ┊ 快门速度：1/500 s ┊ 感光度：ISO400】

注重细节

大江大河的画面总是给观者以壮丽、大气的视觉感受，这是一种美。还有一种美，是关注被摄对象的细节。

细节是对拍摄者照片叙述能力的检验，没有细节的照片是空洞的。当下，很多拍摄者一味追求画面的影像效果，追求某种趣味性的瞬间动态，或者使用广角镜拍摄，造成画面强烈的视觉冲击。在这样的照片中，基本看不到对内容的具体描述，也看不到鲜活的人物状态，而真正具有生命力的恰恰是那些细节。面对这样的细节，拍摄者需要做的就是敏锐地去捕捉。

➤ 摄影师使用微距镜头拍摄花蕊，将花蕊的结构细节展现出来，画面具有一种震撼美

【焦距：100 mm ┊ 光圈：f/5.6 ┊ 快门速度：1/200 s ┊ 感光度：ISO200】

传递自己的主张和兴趣

从照片中可以看出拍摄者的性格。即使面对同样的被摄对象，由于拍摄者不同，照片也会呈现出不同的效果来。这种差别反映出拍摄者的心智和艺术素养。通过照片，拍摄者可以将自己的主张和体会告诉观者。在这一点上，摄影和文学、绘画、音乐等艺术都是相通的。

为此，在拍摄前，很多拍摄者都会在头脑中打好照片底稿。这个底稿就是照片的规划蓝图，拍摄者需要借助于此来指导整个拍摄流程。虽然拍摄到与自己的腹稿完全相同的照片的概率不是很高，但这个底稿却是不可或缺的。

➤ 画面中云层与礁石相互衬托、呼应，拍摄时适当地降低曝光补偿，突出天空奇幻的色彩，画面会呈现出独特的视觉感

【焦距：20 mm ┆ 光圈：f/22 ┆ 快门速度：2 s ┆ 感光度：ISO200】

用心按快门

在数码科技发展迅猛的时代，只需要轻按单反相机的快门就可获得影像，因此很多人在拍摄时不管光线、构图、主体等因素就随意按下快门，他们的想法是：反正拍得不好还可以再拍，其实这个想法是错误的。

摄影者应该对“闭着眼睛”拍摄——只管尽情地按快门，疯狂地拍摄，然后看看能拍出什么照片——感到内疚。照相机的快门也是有寿命的，不仅如此，摄影者本身对拍摄照片的态度也值得商榷。因为这更像在猜随机数，即使猜中了，也只是运气好而已。长此以往，拍摄也很难有进步。

每一次在按下快门时，都应该要确定取景器中的景物是经过精心构图、细心选择光线的，确保主体、陪体、背景等都安排妥当。

【焦距：20 mm ┆ 光圈：f/8 ┆ 快门速度：1/6 s ┆ 感光度：ISO400】

▲ 使用低水平线构图，利用较大的面积表现了天空美轮美奂的火烧云

照片的好坏没有绝对标准

摄影毋庸置疑是一门艺术，必然具有艺术的特征。任何艺术都是不可以被量化的。不同的拍摄题材，不同的拍摄目的，对于照片的要求也不尽相同。例如，工程摄影和艺术摄影的评判标准就不同，纪实摄影和抽象摄影也各具特色。

对于同一张照片，在不同的年代也会出现不同的评价。因此，在鉴赏一张照片的好坏时，无须过分地按照既定理论去量化评定与衡量。一张能够打动人心或是令人难以忘怀的照片，基本上就可以认定它是好照片。

拍出好照片的一些技巧

【焦距：200 mm ┆光圈：f/6.3 ┆快门速度：1/1 250 s ┆感光度：ISO100】

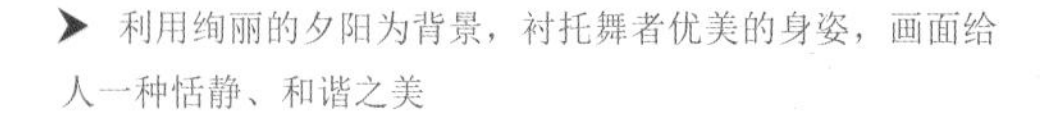

➤ 利用绚丽的夕阳为背景，衬托舞者优美的身姿，画面给人一种恬静、和谐之美

坚持拍摄专题——快速提高摄影技巧与照片内涵的良方

在学习摄影的道路上，掌握相机的操作方法只是第一步。第二步就是要提高摄影技巧与照片内涵，而要做到这一点，可以通过坚持拍摄固定的专题来实现。

拍摄的专题可以从人物、动物、树木、花卉、庙宇、街景、湖泊、海洋等题材中进行选择。

以拍摄花卉为例，在长时间坚持拍摄的过程中，可以了解需要什么样的器材，包括镜头、闪光灯、近摄镜、三脚架等；在拍摄时用哪种光线比较好，在此基础上，进一步了解不同光线对于拍摄效果的影响。除了技术方面，还能够不断提高照片的艺术水准。例如，拍摄花卉的第一个阶段是在画面中突出表现花卉；第二个阶段是使画面有意境；第三个阶段则是通过画面中那些欣荣枯败的花，折射出人生，让画面中的花反映出生命的意义。

在坚持长期拍摄的过程中，会遇到各种各样的难题，通过解决这些难题就能够使自己的摄影技能在不知不觉中得到较大的提高。

▲ 通过大量拍摄各种类型的花卉，可以慢慢积累经验，从成片的花海，到局部的花卉，再到有意境的花朵，无论是技术还是意识表达上都会有很大的提高

景物美≠影像美——弄清人眼与摄影眼的区别

俗话说："眼见为实。"在摄影师看来却未必如此，这是因为人眼在看事物时，容易受到潜意识的作用与外界的影响，因此许多景物在人眼看起来是一种景象，拍摄出来可能是另一种景象。相信很多人都有这样的体会，有些并不是很美的景物，拍摄出来却很美；而一些看起来很美的景物，拍摄出来反而并不觉得怎么美。这说明从拍摄画面上看到的效果，与人眼直视景物的效果并不相同，即景物美≠影像美。

每一位摄影者都必须明白，人眼的观看效果与摄影最终成像的效果是有区别的，必须了解拍摄得到的画面与人眼直视实物实景所得"像"的种种差异，以及其背后的原因，在拍摄时以心见代替眼见，预见最终的画面效果，才能更完美地表现被摄体。大体说来，通过人眼观察事物的方式与通过摄影镜头观察事物的方式，有以下 3 个明显区别。

第一，人眼只能看到光谱范围内的可见光，而相机的图像传感器既可以"看"到可见光，又可以"看"到人眼看不到的红外光。人眼看外部世界感受到的仅是通过可见光反映出的美，而相机还记录了红外光影响的景物，拍出的画面有可能更美，也有可能变丑。

第二，当人的注意力高度集中于感兴趣的对象时，会对其周围的景物视而不见，而相机则能如实地将处于景深范围之内的景物都清楚地表现出来。

第三，人眼看景物时，近处的景物看起来大，远处的景物看起来小（空间透视现象）；近处的景物看起来浓，远处的景物显得淡（空气透视现象）。用相机拍出的画面中，同样有空间透视和空气透视现象，但由于所使用的镜头不同，拍出画面的透视程度与人眼直视景物所感受到的透视强弱并不完全相同，例如，用长焦镜头拍出的画面，在空间透视方面就弱于人眼所看到的效果；用广角镜头拍出的画面，在空间透视方面就强于人眼所看到的效果。而且当使用广角镜头拍摄人体或景物时，人体与景物的线条会被明显地拉伸，因此从照片中看被拍摄的人像身材会显得更加修长、高大，景物的空间感也更强。

在理解了这些差异之后，有利于摄影者在观察景物时将人眼的观察方式转换成"摄影眼"的观察方式，并最终养成"摄影眼"。"摄影眼"最大的特点在于，观察世界时是从摄影的角度出发的，例如，在观察流水时，普通的观赏者只能够看到飞溅的水花，但通过"摄影眼"能够看到丝绸般的水流（使用慢速快门拍摄的效果）。在海滩边游玩时，普通游客看到的是身着比基尼的人群，而通过"摄影眼"能够看到剪影形式的美妙人像（以点测光拍摄时的效果）。

由此可见，"摄影眼"在观察事物时是有目的、有选择的，只有在每一次取景时能够通过"摄影眼"观看，才会真正享受到摄影师观看世界的乐趣，才能够拍摄出与众不同的作品。

如何通过街头摄影训练观察力？

【焦距：200 mm ┆ 光圈：f/2.8 ┆ 快门速度：1/30 s ┆ 感光度：ISO200】

▲ 利用大光圈得到焦外成像的画面效果，这种朦胧的感觉很好地表现了灯火辉煌的城市

能发现美才能拍出美——练就一双慧眼的重要性

画家郑板桥曾在一幅画的题跋中写道："江馆清秋，晨起看竹，烟光日影露气，皆浮动于疏枝密叶之间，胸中勃勃遂有画意。其实胸中之竹，并不是眼中之竹也。因而磨墨展纸，落笔倏作变相，手中之竹又不是胸中之竹也。总之，意在笔先者，定则也；趣在法外者，化机也。独画云乎哉！"

这段话道出了郑板桥画竹的心得，这里提到的"眼中之竹""胸中之竹""手中之竹"，生动形象地概括了他的创作心理和审美思维的 3 个阶段。

正如前文所讲述的，摄影与绘画具有很多相似之处，以下所列举的 3 个创作阶段也是如此：

第一个阶段，美的发现和感知；

第二个阶段，美的提炼和酝酿；

第三个阶段，美的创造与加工。

其中，"美的发现和感知"靠眼力，"美的提炼和酝酿"靠个人的美学修养，"美的创造与加工"靠创作技巧，这 3 个阶段中以第一个阶段最为重要，因为，只有能看出美，才有可能拍到美。

好的摄影师必须练就一双慧眼，才能对其他人习以为常的人、事、物有全新的观察角度，也才能够从别人忽略的地方捕捉到美。

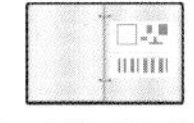

7招练就随时发现美的摄影眼

➤ 被风吹起了涟漪的水面倒影，好像一幅很有艺术感的抽象画，这种画面只有那些善于发现美的眼睛才能捕捉到

【焦距：130 mm ┆ 光圈：f/11 ┆ 快门速度：1/50 s ┆ 感光度：ISO100】

照片上的参数有没有参考价值

摄影书里的图片大多会附加上照片的拍摄参数供大家参考，通常会标注焦距、光圈、快门速度、感光度等，这些拍摄参数对照片质量的影响很大。但很多摄影者对此感到困惑，这些参数到底是形同虚设还是指路明灯呢？

可以肯定的是，照片的拍摄参数是有参考价值的，但价值并不像许多摄影者想象得那样大。

例如，在拍摄夜景时，许多摄影者会习惯性地使用较高的感光度和较大的光圈，但通过分析此类题材成功照片的拍摄参数，会发现拍摄夜景时要使用较小的光圈，如 f/9、f/11 等，这样才能使夜景画面具有足够的景深，画面中的灯光呈现出星芒效果，从而达到美化画面的效果。而且，在通常情况下，拍摄夜景时所使用的感光度也不能设得过高，因为拍摄夜景的曝光时间都较长，设置过高的感光度会使画面噪点过多，影响画面的美观。

不过这并不等于说看了照片的拍摄参数，就掌握了拍摄各类题材的“通关秘籍”，因为照片与拍摄参数不能够反映所有的现场情况。例如，拍摄环境中的光照强度如何，为相机设置了什么样的测光模式，测光点在什么位置，镜头前有没有加装滤镜，等等。因此，在拍摄时如果完全按照照片的拍摄参数来设置，拍摄效果可能会令人大失所望。

所以，照片的拍摄参数可以提供拍摄时的参考方向，但并不能完全照搬照抄。

【焦距：35 mm ┆ 光圈：f/6.3 ┆ 快门速度：1/30 s ┆ 感光度：ISO800】

四位摄影大师的分析

照片上的参数有利于对拍摄各种题材所要设置的曝光量和要达到的效果进行了解，在拍摄此类题材时，参照了变焦技巧与夜景照片的拍摄参数，并根据具体拍摄环境的特点进行了细微的曝光调整，得到了合适的画面

佳片欣赏与分析1

【焦距：150 mm ┆ 光圈：f/8 ┆ 快门速度：1/250 s ┆ 感光度：ISO100】

佳作分析：该幅作品的亮点在于拍摄到了瀑布前的双彩虹，这是很少能够看到的景色，画面的稀缺性很强。在拍摄技法方面，画面色彩统一，整体呈暖色调，使画面比较简洁，有效地防止了因瀑布、彩虹、河流、山体、人物等元素的叠加而使画面变得杂乱。构图上则采用了中心构图及兴趣点构图。中心构图很适合表达宏观、大气的风光场景，会令观者感受到一种均衡之美。而有意识地加入人物，并通过兴趣点构图进行处理，则让一幅平常的风光摄影作品富有灵性，令观者生发出对人与自然之间关系的思考。

拍摄技法解析：该幅作品的拍摄技法主要是对于光圈的控制。为了使画面中的人物和山体、瀑布均清晰，需要合适的光圈。考虑到拍摄时使用的焦距是 150 mm，并且瀑布与人物的距离又比较远，因此选用 f/8 的光圈进行拍摄。而当时的光线环境比较好，即便使用 ISO100 也可以保证 1/250 s 的快门速度，远高于安全快门（焦距的倒数）速度，因此可以放心拍摄。

佳片欣赏与分析2

【焦距：24 mm ┆ 光圈：f/9 ┆ 快门速度：1/500 s ┆ 感光度：ISO100】

佳作分析：该幅作品很好地运用了广角镜头的透视畸变，使画面有很强的冲击力，结合画面中的树木、阳光及人物的动作、姿态，让观者感受到蓬勃向上的生命力。通过逆光既突出了画面人物的动作及姿态，又使太阳光晕为画面增添了美感。画面整体偏向暖调，配合画面中的人物给观者一种家庭成员间的温馨之感。

拍摄技法解析：该幅作品属于剪影拍摄，通过点测光及快门速度优先可以轻松确定曝光组合。由于要凝固住人物跳起的瞬间，因此使用较高的快门速度，拍摄该照片设定的快门速度是 1/500 s。而拍摄剪影使用点测光，并将测光点选在太阳光晕处，相机就会自动给出光圈，该幅作品光圈为 f/9。

佳片欣赏与分析3

【焦距：50 mm ┆ 光圈：f/2.8 ┆ 快门速度：1/100 s ┆ 感光度：ISO320】

佳作分析：该幅作品通过竹筏上的灯光形成暖调，与背景的冷调形成对比，令渔夫从画面中脱颖而出，起到了突出主体的目的。合适的快门速度在确保渔夫轮廓清晰的同时，令左侧正在挥动翅膀的水鸟产生动态模糊，为画面增添灵动之美，并形成动静对比。画面构图十分匀称，却又不显生硬。通过竹筏将观者的视线牵引至主体，背景的水平线处于画面上 1/3 处，令观者产生一种舒适的视觉感受。

拍摄技法解析：该幅作品的重点在于人物的脸部需要曝光准确。由于属于弱光摄影，通过选择点测光模式，并将测光点选在人物面部，然后适当增加曝光补偿，使人物面部曝光正常的同时，背景细节也可以得到一定的体现。

在拍摄时尽量选择大光圈，以此来确保快门速度可以达到安全快门速度，并且使感光度尽量低些，以保证画质。该幅作品选择光圈 f/2.8 进行拍摄，快门速度设置为 1/100 s，水鸟翅膀的模糊效果属于意外收获。

佳片欣赏与分析4

【焦距：35 mm ┆ 光圈：f/5.6 ┆ 快门速度：1/160 s ┆ 感光度：ISO100】

佳作分析：场景人像拍摄在人像摄影分支中属于难度比较高的一类，对拍摄者的构图、用光、服装搭配等都有较高要求。上面这幅作品通过侧光令画面中的人物和环境有一种神秘感，并通过明暗对比突出了画面中的人物。构图则采用黄金分割法构图，将人物放在了左侧三分线处，画面上方则通过一袋袋中药描述了环境，使该照片既均衡又不失美感。通过后期制作的烟雾及左上角的漏光效果则强化了通过侧光营造的神秘感。展示古典美的服装也与传统中药房的搭配相得益彰。

拍摄技法解析：该照片的明暗对比较强烈，建议使用点测光进行拍摄。使用点测光对人物面部较亮的区域进行测光，并且增加1/3挡曝光补偿，使画面暗部细节有一定表现。在拍摄模式上选择光圈优先即可，原因在于人像摆拍主要是对景深进行控制。f/5.6的光圈和35 mm的焦距可以确保主体清晰的同时，背景有一定虚化，但虚化程度不高，使得环境得到充分体现。这幅作品的拍摄环境比较有特点，背景的药箱也不会使照片变得杂乱。感光度控制在ISO100即可，并不需要提高快门速度，相机自动确定的快门速度1/160 s足以清晰地记录下该画面。

Chapter 02

数码单反相机操作快速上手

佳能/尼康主流数码单反相机按钮的使用方法

对于摄影初学者来说，首先需要通过摄影书籍或相机自带的说明书，来了解自己手中相机按钮的功能，掌握按钮的操作方法。

有些按钮只有一个功能，如 MENU、▶、🗑按钮等，直接按下按钮便可以跳转到相应的界面。而有些按钮则包含两个不同的功能，在不同的状态下，按下按钮可以起到不同的作用，如佳能相机的⊞/🔍按钮，它在拍摄状态下，按下此按钮可以用来选择自动对焦点，而在播放照片状态下，按下此按钮则会放大显示照片。

还有些按钮需要在按下不放手的情况下，配合拨盘或转盘来使用，而根据转动的拨盘的不同，按钮所起到的作用又不相同，如尼康相机 AF 模式按钮，如果按下此按钮并转动主指令拨盘，可以设置对焦模式，如果按下此按钮并转动副指令拨盘，则可以设置对焦区域模式。

如果不清楚按钮的使用方法，想必不仅不能充分发挥相机的功能，更不可能面对需要抓拍的对象时，能够迅速设置出恰当的参数。所以说，熟悉并熟练掌握相机按钮的使用方法，是拍出好照片必不可少的前提条件。

限于篇幅，在这里不可能展开来讲解各品牌相机各个按钮的使用方法、功能，但读者可以通过扫描下面的图片，播放视频来学习佳能与尼康比较主流的两款相机机身上各个按钮的功能与使用方法，即便不是这两款相机，相信通过学习也能触类旁通。

佳能EOS 80D数码单反相机操作讲解

▲ 佳能 EOS 80D 数码单反相机的背面

尼康D7200数码单反相机操作讲解

▲ 尼康 D7200 数码单反相机的背面

掌握菜单的使用方法

数码单反相机的菜单功能非常强大，熟练掌握菜单相关的操作，可以进行更快速、更准确的设置。下面分别以佳能EOS 80D和尼康D7200数码单反相机为例，介绍机身上与菜单设置相关的功能按钮。

佳能数码单反相机的菜单操作方法

通过上面的示例图可以看出来，佳能EOS 80D数码单反相机提供了5个菜单设置页，即位于菜单顶部的各个图标，从左至右依次为“拍摄”菜单◘、“回放”菜单▶、“设置”菜单♆、“自定义功能”菜单◘及“我的菜单”★。在操作时，按下Q按钮可在各个主设置页之间进行切换，按下◀或▶方向键选择第二设置页。

下面以设置照片风格选项为例，介绍设置菜单参数的操作方法。

❶ 按下MENU按钮，在液晶显示屏中显示菜单项目。

❷ 按下Q按钮选择拍摄菜单图标以选择主设置页。

❸ 按下◀或▶方向键选择“拍摄菜单3”设置页，按下▼或▲方向键选择照片风格项目。

❹ 按下SET键可以进入菜单项目的具体参数设置界面中。

❺ 按下▼或▲方向键选择所需的选项。根据参数选项的不同，有些菜单项目还需要结合主拨盘、速控拨盘来设置参数。

❻ 设置参数完毕后，按下SET键即可返回菜单项目界面中，若半按快门，则退出菜单界面并返回拍摄状态。

对于具有触摸功能的佳能相机（如佳能EOS 80D），除第❶步外，其他步骤都可用手指直接单击相机的液晶显示屏完成。

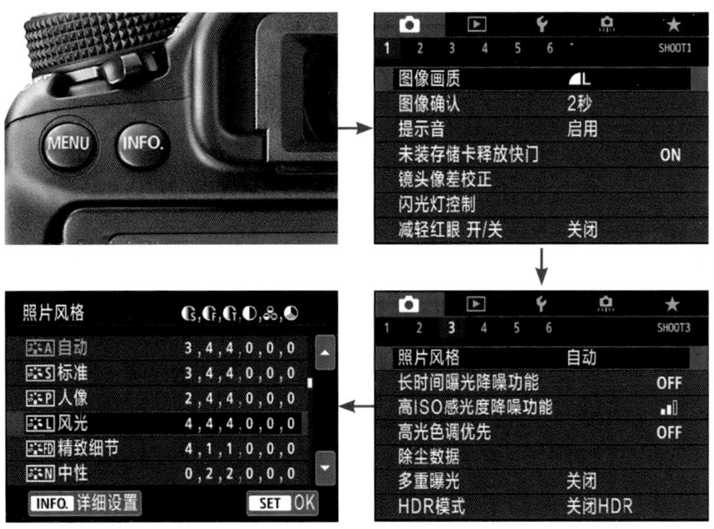

尼康数码单反相机的菜单操作方法

尼康数码单反相机普遍提供了非常丰富的菜单设置功能，虽然各款相机由于定位不同，功能按钮的位置略有不同，但从整体上看其操作方法与佳能是类似的，下面以尼康 D7200 为例介绍一下机身上与菜单设置相关的功能按钮。

❶ 按下 MENU 按钮，在液晶显示屏中显示菜单项目。

❷ 要在各个菜单项之间进行切换，可以按下◀方向键切换至左侧的图标栏，再按下▲或▼方向键进行选择。

❸ 在左侧选择一个项目后，按下▶方向键可进入下一级菜单中，然后可按下▲或▼方向键选择其中的项目。

❹ 选择一个子命令后，按下 OK 按钮进入其设置菜单中，根据不同的参数内容，可以使用主指令拨盘、多重选择器等在其中进行参数设置。

❺ 参数设置完毕后，按下▶方向键或 OK 按钮即可确定参数设置。如果按下◀方向键，则返回上一级菜单中，并不保存当前的参数设置。

尼康D3100、D3200数码单反相机没有“自定义设定”菜单。

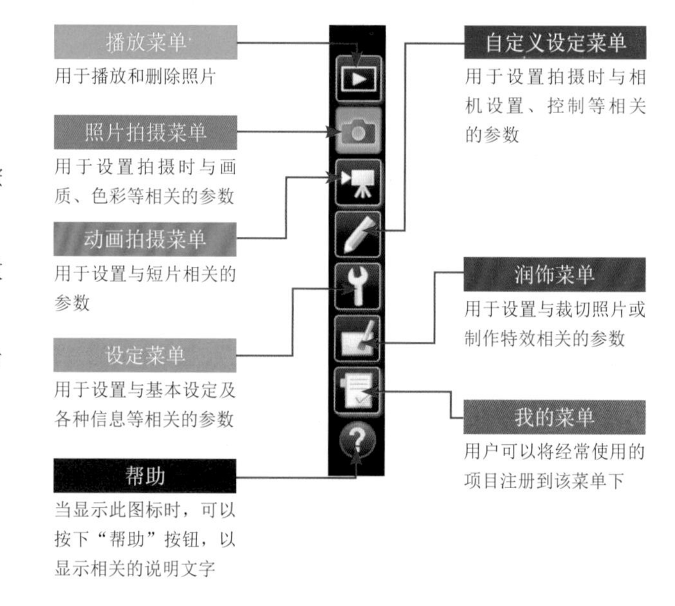

掌握快速菜单的使用方法

佳能数码单反相机速控屏幕的操作方法

所谓速控屏幕，即在液晶显示屏中显示拍摄参数设置的屏幕，按下机身上的Q按钮即可显示速控屏幕。下面来讲解一下其使用方法。

❶ 按下机身背面的Q按钮，在液晶显示屏中显示速控屏幕。

❷ 使用▲、▼、◀、▶方向键或多功能控制钮选择要设置的项目。

❸ 转动主拨盘或速控转盘即可更改设置。

❹ 如果在选择一个项目后，按下SET按钮，则可以进入该项目的详细设置界面。

❺ 调整参数后再次按下SET按钮，即可返回上一级界面。

对于具有触摸功能的佳能相机（如佳能 EOS 80D），上述步骤可用手指直接单击液晶显示屏完成。

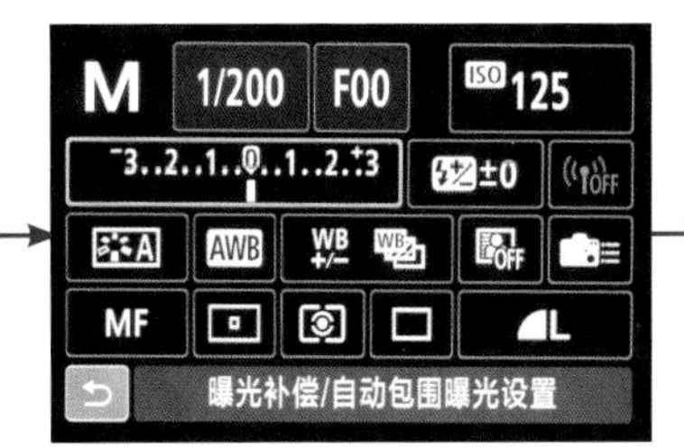

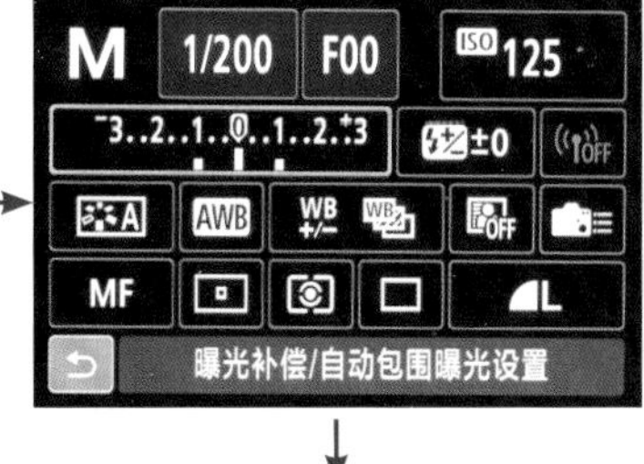

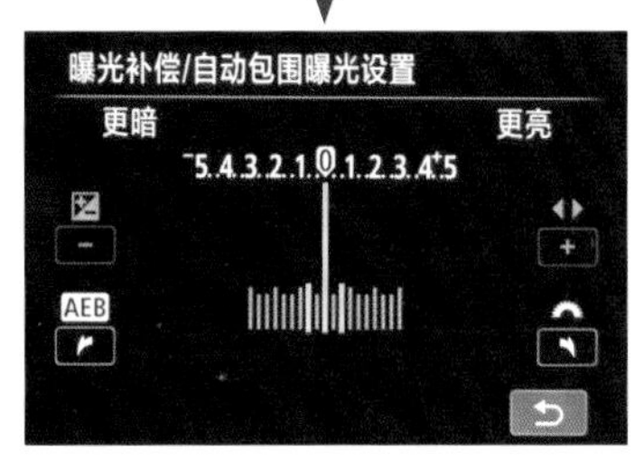

【焦距：18 mm ┆ 光圈：f/22 ┆ 快门速度：1/8 s ┆ 感光度：ISO200】

◀ 熟悉相机的操作，才不至于因拍摄前设置参数的时间过长而耽误最佳拍摄时机

尼康数码单反相机显示屏信息的操作方法

尼康 D3300、D3400、D5500、D5600 等入门级数码单反相机仅有一块位于机身背面的显示屏，所有的查看与设置工作都需要依靠这块显示屏来完成，除了使用菜单来设定功能外，还可以在显示屏中快速设定常用的拍摄参数，具体操作步骤如下。

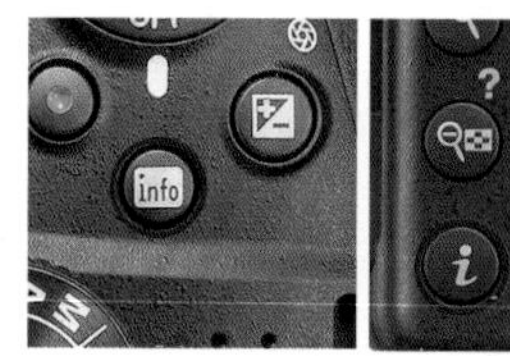

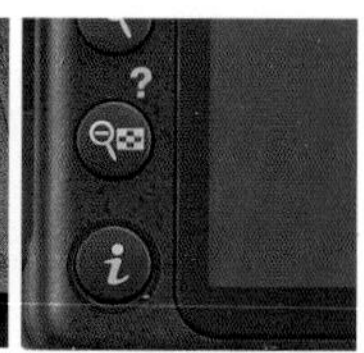

尼康相机

❶ 按下 info 按钮，开启显示屏信息显示模式，按下i按钮可选择显示屏底部的拍摄信息选项

❷ 使用多重选择器选择要设置的拍摄选项

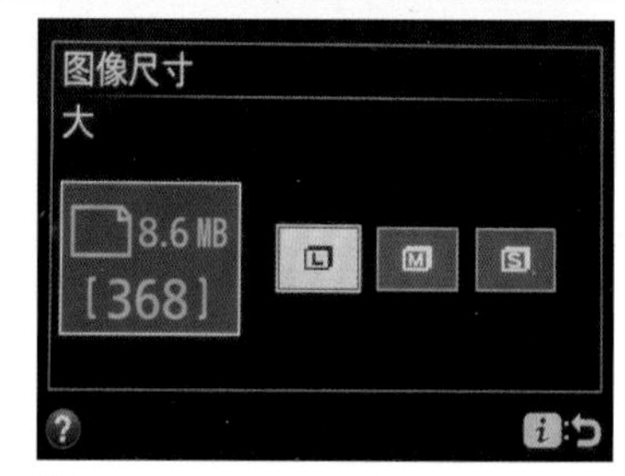

❸ 按下多重选择器上的 OK 按钮，可以进入菜单项目具体参数设置界面。按下◀或▶方向键选择不同的参数，然后按下 OK 按钮可以确定更改

对于尼康 D7200 及更高端的数码单反相机，主要的参数设置功能可以通过快捷键来操作完成，因此，在显示屏上就没有提供更多的参数设置功能，只是显示了一些比较常用的菜单功能列表，以方便选择和设置。

按下 info 按钮开启显示屏后，再按下i按钮，将显示常用菜单功能列表，其中包括影像区域、设定优化校准、动态 D-Lighting、HDR（高动态范围）、遥控模式（ML-L3）、指定 Fn 按钮、指定预览按钮、指定 AE-L/AF-L 按钮、长时间曝光降噪及高 ISO 降噪等功能，不同的相机，所显示的参数也不尽相同，但设置的方法基本相同。

尼康相机

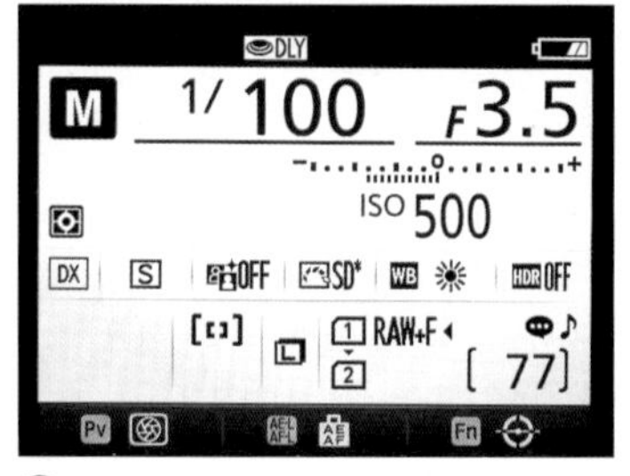

❶ 按下 info 按钮，启用显示屏拍摄信息

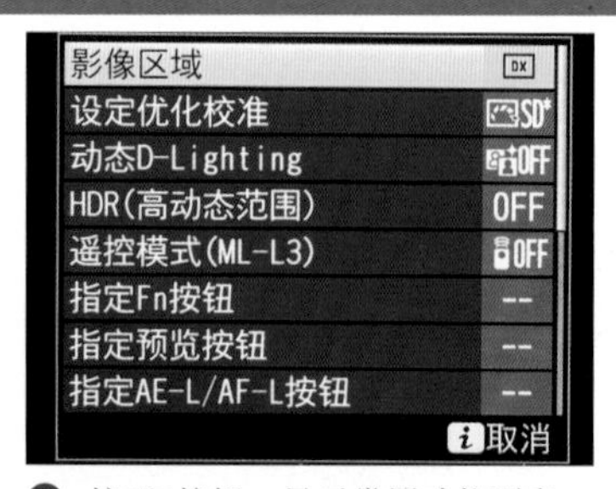

❷ 按下i按钮，显示常用功能列表，按下▲或▼方向键选择要设置的项目，然后按下 OK 按钮进入具体设置界面

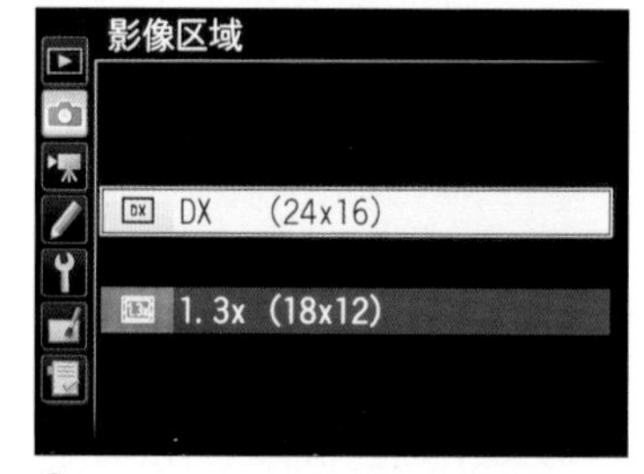

❸ 按下▲或▼方向键选择不同的参数，然后按下 OK 按钮即可确定更改并返回初始界面

一些实用菜单功能讲解

设置照片画幅——根据用途设置照片尺寸

照片尺寸直接影响最终输出照片的大小，通常情况下，只要存储卡空间足够大，那么就建议使用大尺寸，以便于后期进行二次构图等调整。

另外，从最终使用用途来看，如果照片是用于印刷、洗印等，也推荐使用大尺寸记录。如果只是用于网络发布、简单的记录或在存储卡空间不足时，则可以根据情况选择较小的尺寸。

在佳能相机中，此功能可以通过“图像画质”菜单来实现，此菜单不仅可以设置照片的画质（在下一节中有详细讲解），还可以用来设置照片尺寸。佳能相机的照片尺寸通常可以设置为S、M、L 3种，其中L尺寸分辨率最大，拍摄的图片细节完整，不过占用空间也大；M尺寸适中，很多人喜欢用这种尺寸记录新闻纪实类图片，保证较多的剩余空间和画面质量；S尺寸最小，细节有一定程度的损失，不过传输方便，多用于记录性质的照片。

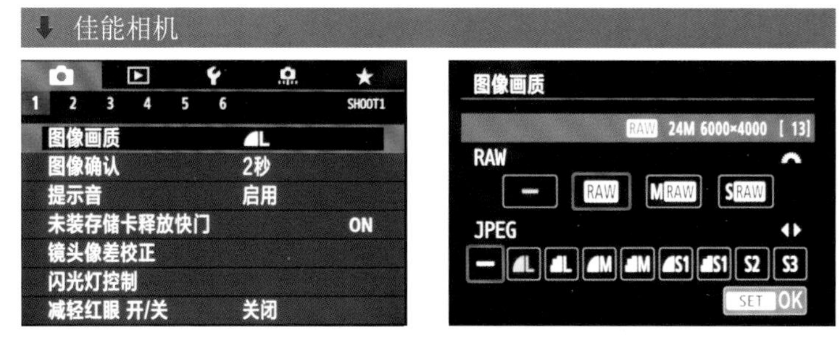

❶ 在拍摄菜单1中单击“图像画质”，选择该选项

❷ 单击选择所需的图像画质选项，然后单击SET图标确认

在尼康相机中，此功能可以通过“图像尺寸”菜单来实现，此菜单的尺寸是以像素来衡量的，共有大、中、小3种。

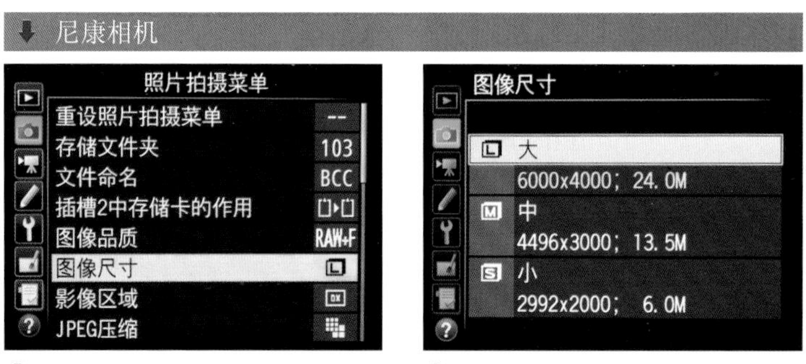

❶ 选择拍摄菜单中的图像尺寸选项

❷ 按下▲或▼方向键可选择照片的尺寸（当选择RAW品质时，此选项不可用）

设置画质——了解JPEG与RAW的区别

确定照片的尺寸后，还要设置照片的文件存储格式与画质。

在佳能相机中，此功能需要通过设置“图像画质”菜单来实现，每一种尺寸均有“优”与“普通”两种画质选项，即◢L、▟L、◢M、▟M、◢S1、▟S1。如果选择“优”则照片的画质最清晰，细节最丰富，但文件也会相应大一些。如果选择“普通”则相机自动压缩照片，照片的细节有一定损失，但如果不放大仔细观察，这种损失并不明显，同时文件也稍微小一些。

在存储卡的存储空间足够大的情况下，应选择使用 RAW+L JPEG 的方式来保存照片，如果存储卡空间比较紧张，可以根据拍摄照片的用途等来选择 L JPEG 格式或 RAW 格式来保存照片，如果仅仅是用于平常记录性质的拍摄，可以按右侧第 2 个操作步骤所示的菜单进行设置，即在 RAW 一栏中选择“—”选项，而在 JPEG 一栏中选择◢M选项。

精解Digital Photo Professional软件应用视频教程

佳能相机

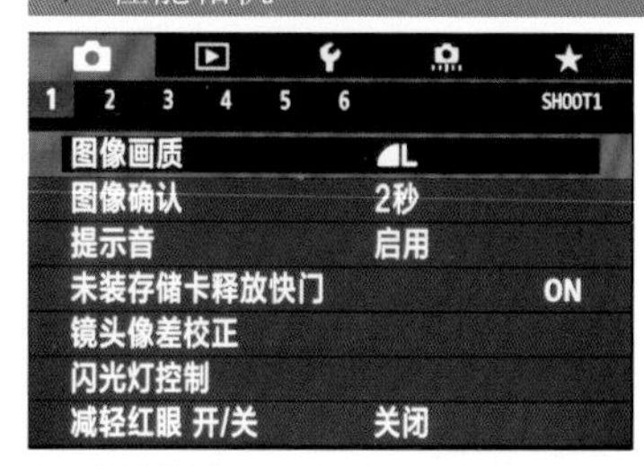

❶ 在拍摄菜单 1 中单击“图像画质”，选择该选项

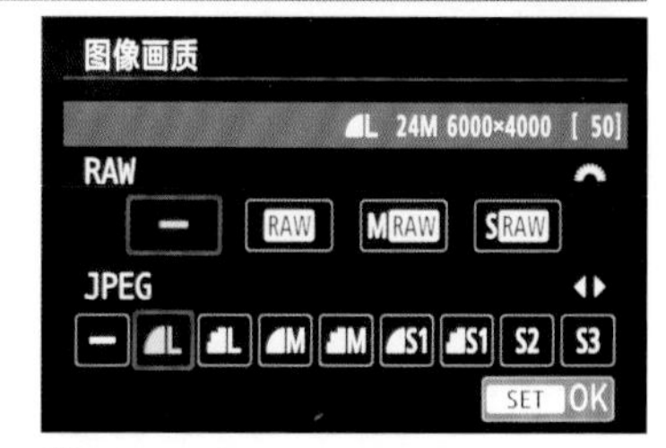

❷ 单击选择所需的“图像画质”选项，然后单击 SET 图标确认

高手点拨

如果存储卡空间足够大，建议使用RAW+L JPEG的组合方式保存照片。RAW格式的照片能够保存白平衡信息，属于无损失的照片保存格式，因此能够为后期处理留出最大的空间，使用专业的RAW照片处理软件，能够获得更出色的色彩还原效果。

精解Adobe Camera RAW软件应用视频教程

➤ 设置较高的画质方便后期调整

【焦距：35 mm ┆ 光圈：f/16 ┆ 快门速度：2 s ┆ 感光度：ISO100】

在尼康相机中，设置照片的文件存储格式与画质可以通过“图像品质”菜单来实现，根据情况选择相应的文件格式和品质即可。

在“图像品质”菜单命令提供的选项中，可以根据需要选择单独的JPEG格式选项，如“JPEG精细”“JPEG标准”；也可以选择同时保存RAW与JPEG格式的图像，即“NEF（RAW）+JPEG精细”或“NEF（RAW）+JPEG标准”等选项。

可通过菜单和机身两种设置方法来改变图像品质，如右图所示。

就图像质量而言，虽然采用“精细”、“标准”和“基本”品质拍摄的结果用肉眼不容易分辨出来，但画面的细节和精细程度还是有很大区别的，因此除非万不得已（如存储卡空间不足等），应尽可能使用“精细”品质。

尼康相机

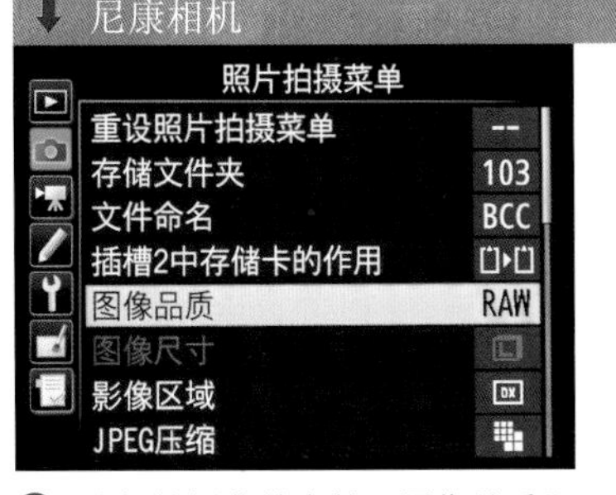

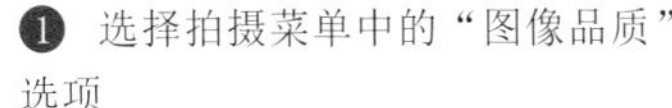
❶ 选择拍摄菜单中的“图像品质”选项

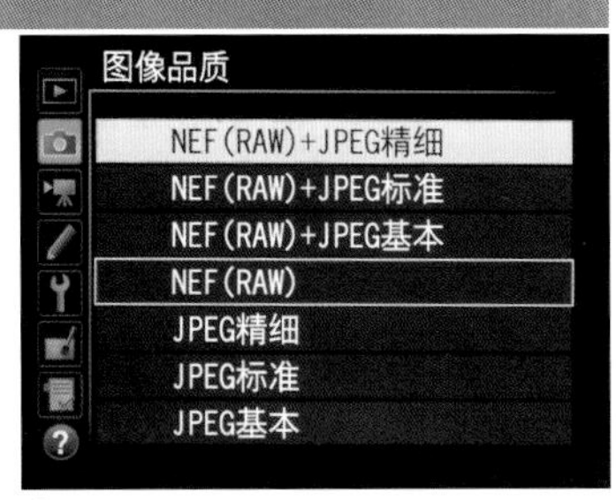

❷ 按下▲或▼方向键可选择文件存储的格式及品质

Q JPEG精细、JPEG标准、JPEG基本的具体区别是什么？

A “JPEG精细”是指以大约1：4压缩率记录的精细品质的JPEG图像；“JPEG标准”是指以大约1：8压缩率记录的标准品质的JPEG图像；“JPEG基本”是指以大约1：16压缩率记录的基本品质的JPEG图像。

Q JPEG与RAW格式文件的特点分别是什么？

A JPEG格式文件的特点是文件小、通用性好，适用于网络发布、家庭照片洗印等，而且可以使用多种软件对其进行编辑处理。虽然压缩率较高，损失了较多的细节，但肉眼基本看不出来，因此是拍摄时最常用的一种文件存储格式。

RAW格式文件则是一种数码单反相机专属格式，它充分记录了拍摄时的各种原始数据，因此具有很大的后期调整空间，但必须使用专用的软件进行处理，如尼康公司的Capture NX 2或Photoshop等，经过后期调整转换格式后才能够输出照片，缺点是占用的空间大，在连拍时会极大地影响连拍的数量；优点是通过后期处理，可以更好地调整照片的白平衡、色温、曝光及饱和度。

设置提示音——确认合焦成功的关键

在拍摄比较细小的物体时，是否正确合焦不容易从屏幕上分辨出来，这时可以开启提示音功能，以便在确认相机合焦时迅速按下快门，从而得到清晰的画面。这样在拍摄时，即使在取景器中不确定是否进行了准确的合焦，也能够通过提示音来确定对焦是否成功。

在佳能相机中，此功能需要通过设置“提示音”菜单来实现。

- 启用：选择该选项，在合焦和自拍时，相机会发出提示音提醒。
- 触摸：选择该选项，触摸操作期间在合焦或自拍时不会发出提示音。
- 关闭：选择该选项，在合焦或自拍时，提示音不会响。

佳能相机

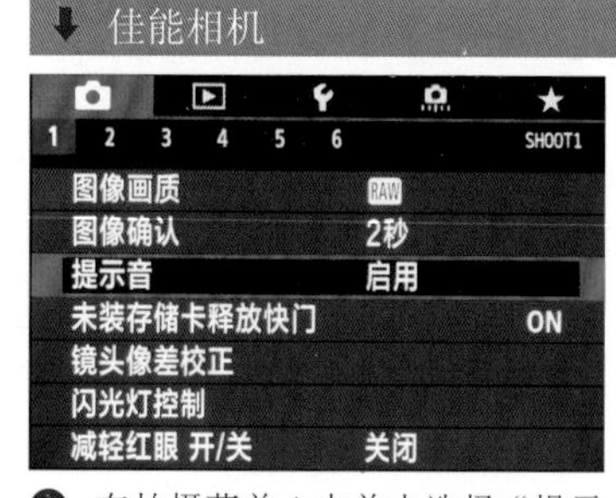

❶ 在拍摄菜单1中单击选择“提示音”选项

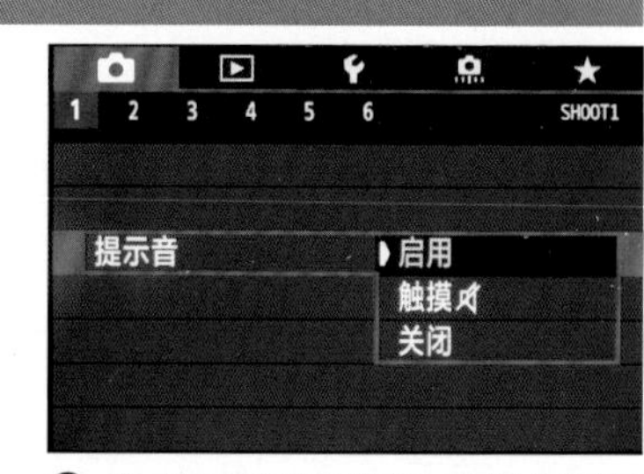

❷ 单击选择“启用”“触摸”“关闭”中的一个选项

高手点拨

无论选择哪个选项，在安静快门释放模式(静音驱动模式）下，相机都不会发出蜂鸣音。

在尼康相机中，此功能可以通过“蜂鸣音”菜单来实现。

这样在拍摄时，即使在取景器中不十分确认是否进行了准确的合焦，也能够通过蜂鸣音来确定对焦是否成功。

- 音量：选择此选项，可以设置蜂鸣音的音量大小，包含“3”、“2”、“1”和“关闭”4个选项。数值越小，则发出的蜂鸣音也越小。当选择了“关闭”以外的选项时，♪图标将出现在控制面板中。
- 音调：选择此选项，可以设置蜂鸣音的“高”或“低”声调。

尼康相机

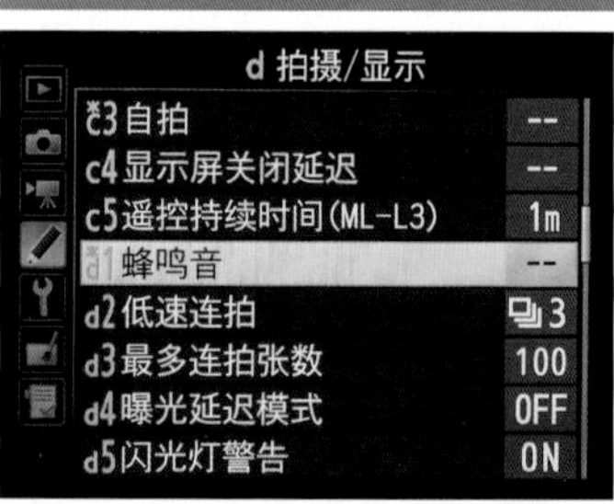

❶ 进入自定义设定菜单，选择“d 拍摄/显示”菜单中的“d1 蜂鸣音”选项

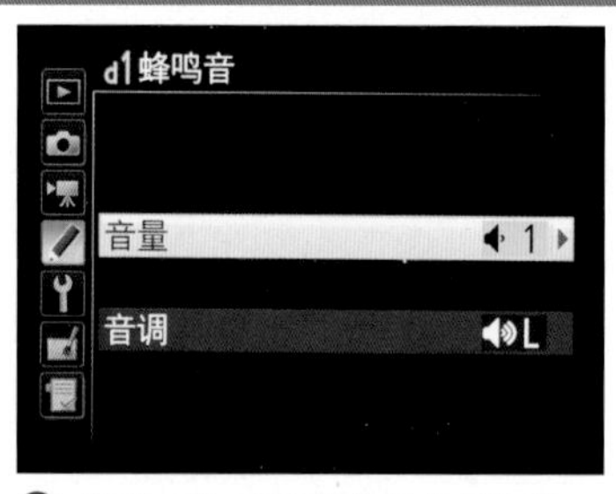

❷ 按下▲或▼方向键选择音量选项

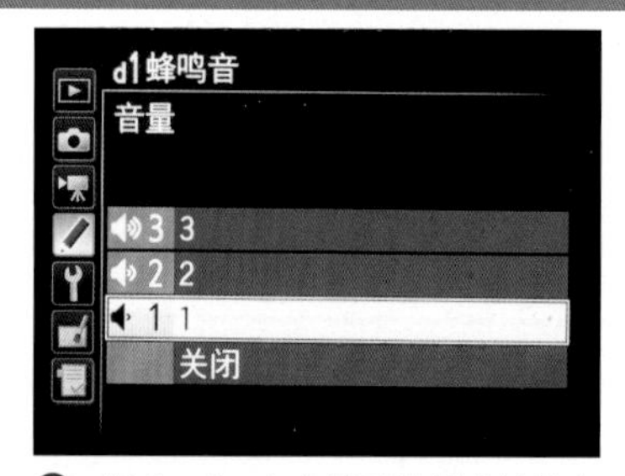

❸ 按下▲或▼方向键可选择音量的大小或关闭声音

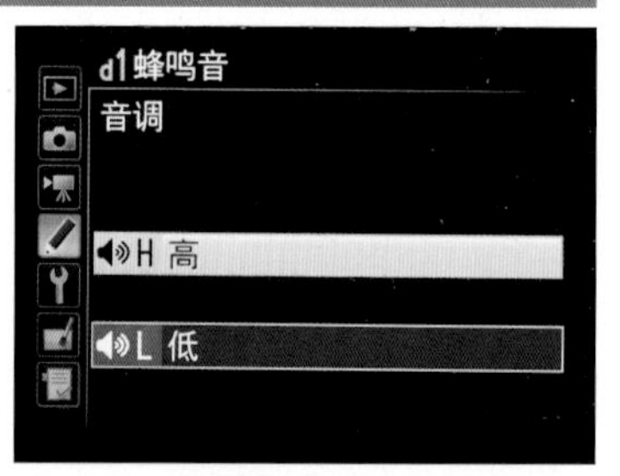

❹ 若在步骤❷中选择音调选项，按下▲或▼方向键可选择音调的高低

设置未装存储卡释放快门功能——避免白劳动

如果忘记为相机装存储卡，无论多么用心拍摄，只会白白浪费时间和精力，利用“空插槽时快门释放锁定”功能可防止在未安装储存卡情况下进行拍摄。

在佳能相机中，此功能需要通过“未装存储卡释放快门”设置。

佳能相机

❶ 在拍摄菜单 1 中单击选择“未装存储卡释放快门”选项

❷ 单击选择“启用”或“关闭”选项，然后单击 SET 图标确认

■ 启用：选择此选项，释放快门进行拍摄，拍摄完成后相机自动进入照片浏览状态，但拍摄的照片无法存储。

■ 关闭：选择此选项，按下快门时，取景器里会显示“Card”，此时无法释放快门进行正常拍摄。

在尼康相机中，此功能可以通过“f7 空插槽时快门释放锁定”选项来实现。

■ 快门释放锁定：选择此选项，则不允许无存储卡时按下快门。

■ 快门释放启用：选择此选项，未安装存储卡时仍然可以按下快门，但照片无法被存储。此时，照片将以demo模式出现在显示屏中。

尼康相机

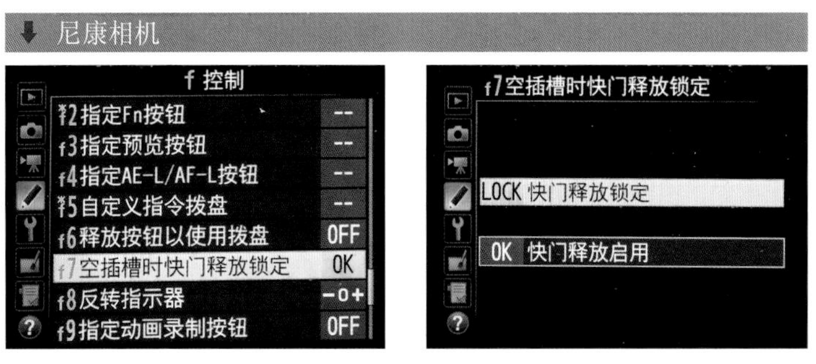

❶ 进入自定义设定菜单，选择 f 控制菜单中的“f7 空插槽时快门释放锁定”选项

❷ 按下▲或▼方向键选择一个选项

设置液晶显示屏亮度——让照片显示更真实

通常应将液晶显示屏的明暗调整到与最后的画面效果接近的亮度，以便于查看拍摄结果是否满意，若不满意，可随时修改相机的设置，以得到曝光合适的画面。

在佳能相机中，此功能需要通过设置“液晶屏的亮度”选项来实现。

佳能相机

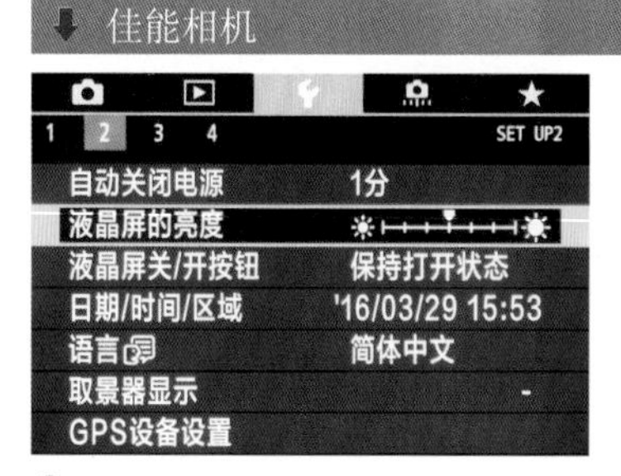

❶ 在设置菜单 2 中单击选择“液晶屏的亮度”选项

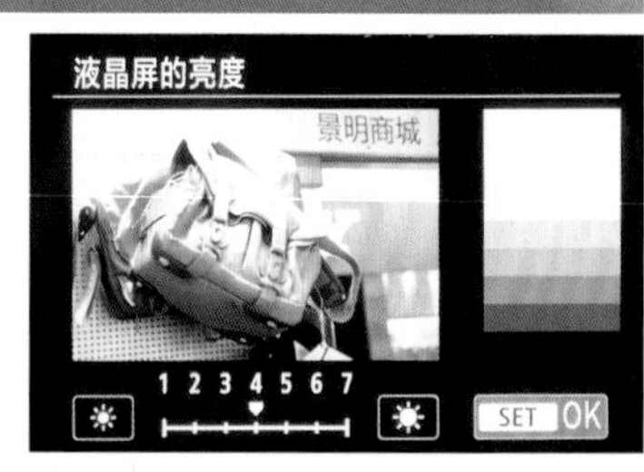

❷ 在参考灰度图的同时单击◀或▶图标调节液晶显示屏的亮度，然后单击 SET 图标即可

在尼康相机中，此功能可以通过“显示屏亮度”选项来实现。

尼康相机

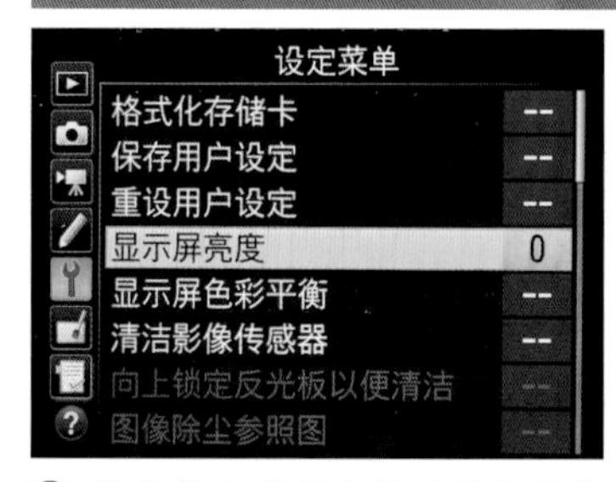

❶ 选择设定菜单中的“显示屏亮度”选项

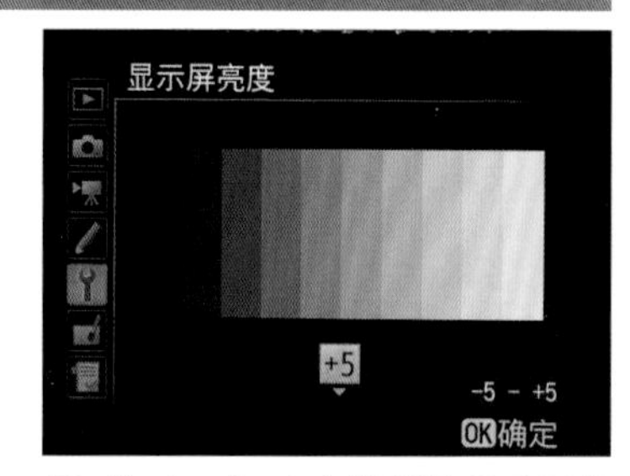

❷ 按下▲或▼方向键调整显示屏的亮度

这儿招帮你将相机续航时间延长一倍

高手点拨

为了避免曝光错误，建议不要过分依赖显示屏的显示，要养成查看柱状图的习惯。

如果希望液晶显示屏中的照片与计算机显示器的照片显示效果接近或相符，可以在相机及计算机上浏览同一张照片，然后按照视觉效果调整相机液晶显示屏的亮度，当然，前提是要确认计算机显示器显示的结果是正确的。

【焦距：20 mm ┆ 光圈：f/16 ┆ 快门速度：4 s ┆ 感光度：ISO100】

◀ 拍摄时根据环境的明暗可随时调整液晶显示屏的亮度，以方便查看

设置自动旋转照片——欣赏照片回放更舒适

当使用相机竖拍时，为了方便查看，可以使用“自动旋转”（“旋转至竖直方向”）功能将所拍摄的竖画幅照片旋转为竖直方向显示。

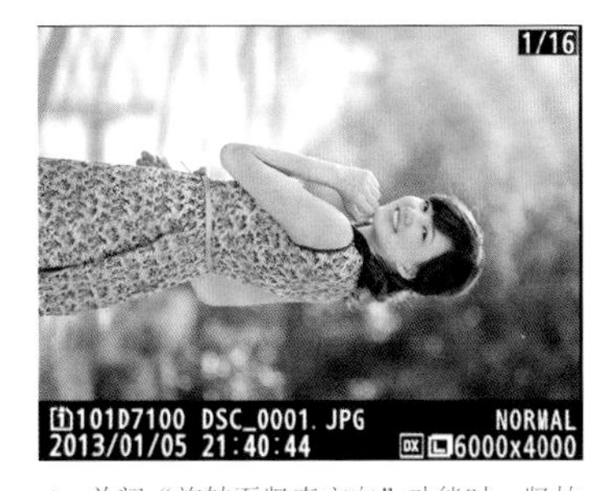

▲ 关闭“旋转至竖直方向”功能时，竖拍照片的显示状态

▲ 开启“旋转至竖直方向”功能时，竖拍照片的显示状态

在佳能相机中，此功能需要通过设置“自动旋转”选项来实现，在该选项中共有 3 项。

- 开📷💻：选择此选项，则在回放照片时竖拍图像将在液晶显示屏和计算机显示器上自动旋转。
- 开💻：选择此选项，则在回放照片时竖拍图像仅在计算机显示器上自动旋转。
- 关：选择此选项，则在回放照片时照片不会自动旋转。

佳能相机

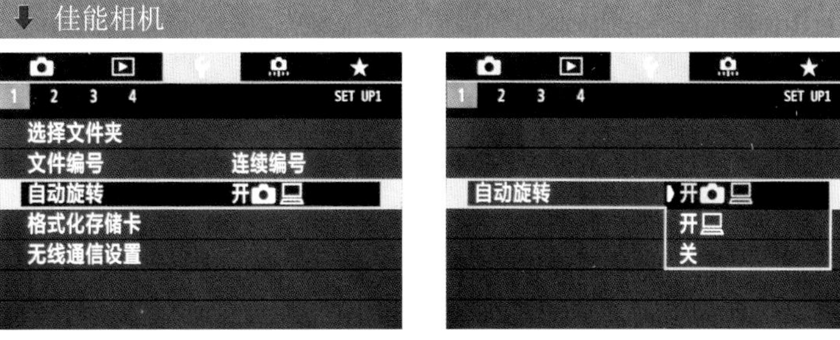

❶ 在设置菜单 1 中单击选择“自动旋转”选项

❷ 单击选择所需的选项

在尼康相机中，此功能可以通过“旋转至竖直方向”选项来实现。

- 开启：选择此选项，则竖拍照片在计算机显示器中将被自动旋转为竖向显示。
- 关闭：选择此选项，则竖拍照片将以横向显示。

尼康相机

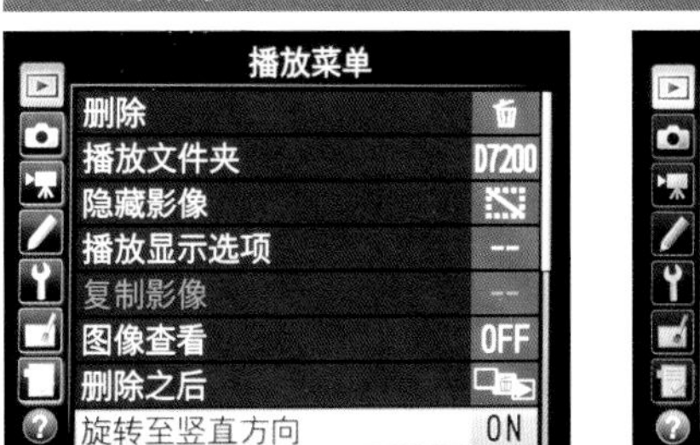

❶ 选择播放菜单中的“旋转至竖直方向”选项

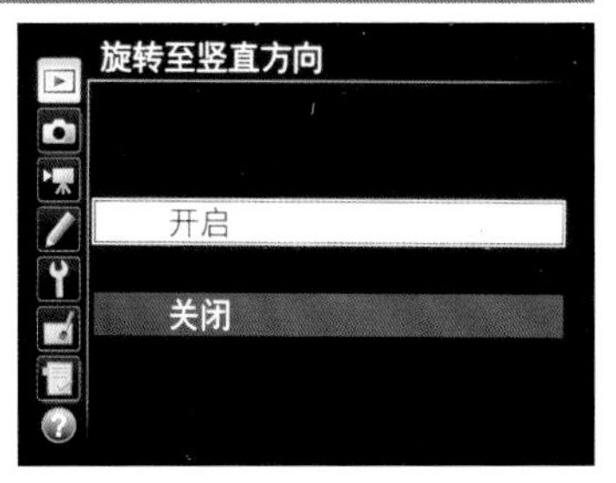

❷ 按下▲或▼方向键可选择开启或关闭选项

设置网格显示功能——让水平更加标准

当进行严谨的摄影创作时，如果需要保持相机为水平，则可以启用相机中的虚拟水平功能，显示网格后，进行水平或垂直方向上的构图校正。

在佳能高端相机中，此功能需要通过设置“显示网格线”菜单，或者“取景器显示”中的“显示网格线”选项来实现（入门级相机无此菜单）。

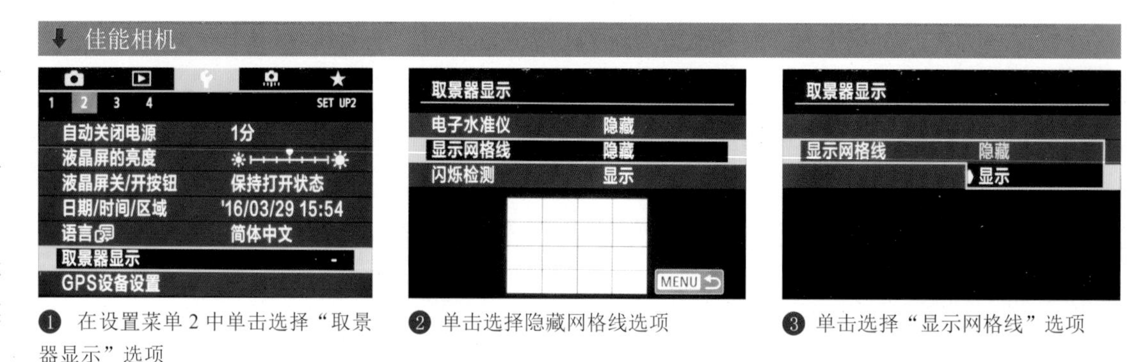

❶ 在设置菜单 2 中单击选择“取景器显示”选项

❷ 单击选择隐藏网格线选项

❸ 单击选择“显示网格线”选项

- 显示：选择此选项，则在取景器中显示网格线。
- 隐藏：选择此选项，则不会在取景器中显示网格线。

在尼康高端相机中，此功能可以通过“取景器网格显示”菜单来实现（入门级相机无此菜单）。开启后可以为进行比较精确的构图提供极大的便利，如严格的水平线或垂直线构图等。另外，4×4 的网格结构也可以进行较准确的 3 分法构图，这在拍摄时是非常实用的功能。该菜单用于设置是否显示取景器网格，包含“开启”和“关闭”两个选项。

- 开启：选择此选项，在拍摄时取景器中将显示网格线以辅助构图。
- 关闭：选择此选项，则不会在取景器中显示网格线。

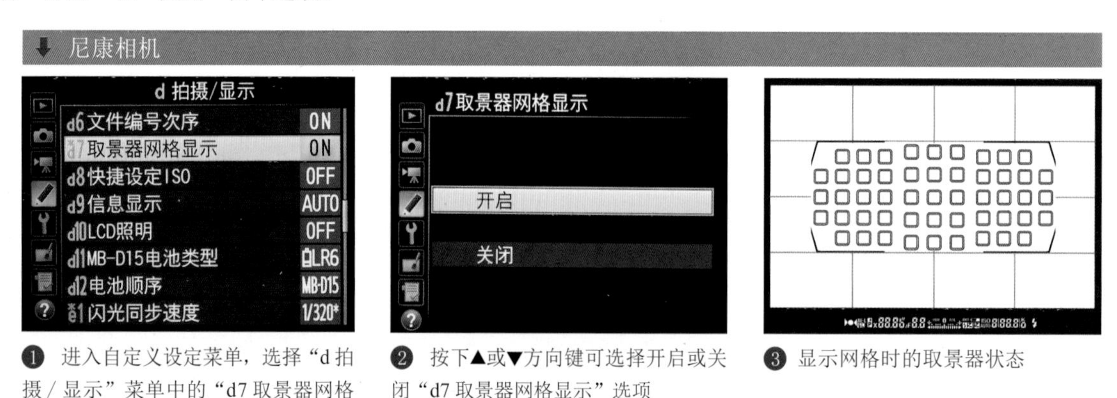

❶ 进入自定义设定菜单，选择“d 拍摄 / 显示”菜单中的“d7 取景器网格显示”选项

❷ 按下▲或▼方向键可选择开启或关闭“d7 取景器网格显示”选项

❸ 显示网格时的取景器状态

设置照片风格或优化校准——让照片更精彩

对于喜欢拍摄后直接出片的摄影爱好者而言，通过选择相应题材的菜单设置，可以省去后期操作的过程，虽然灵活度比在后期处理软件中低一些，但也不失为一个方便的选择。

此功能就是根据不同的拍摄题材的特点而进行的一些色彩、锐度及对比度等方面的校正，从而实现更佳的画面效果。例如，在拍摄风光题材时，可以选择色彩较为艳丽、锐度和对比度都较高的“风景”优化校准。不过在数码时代的今天，后期处理技术可以实现很多效果，因此，如果后期处理技术很熟练，无须选择“标准”外的其他选项。

在佳能相机中，此功能需要通过设置“照片风格”菜单来实现，基本都包括自动、标准、人像、风光、精致细节、中性、可靠设置、单色等。

佳能相机

❶ 在拍摄菜单 3 中单击选择“照片风格”选项

❷ 单击选择不同的选项，然后单击 SET 图标确认

在尼康相机中，此功能可以通过“设定优化校准”菜单来实现，基本都包含标准、自然、鲜艳、单色、人像、风景和平面 7 个选项。

尼康相机

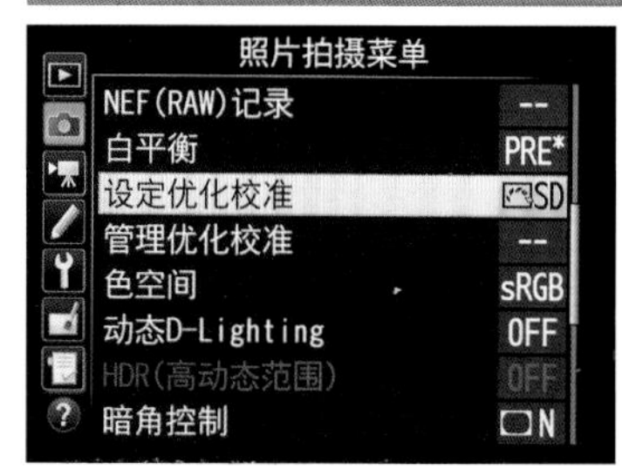

❶ 选择照片拍摄菜单中的“设定优化校准”选项

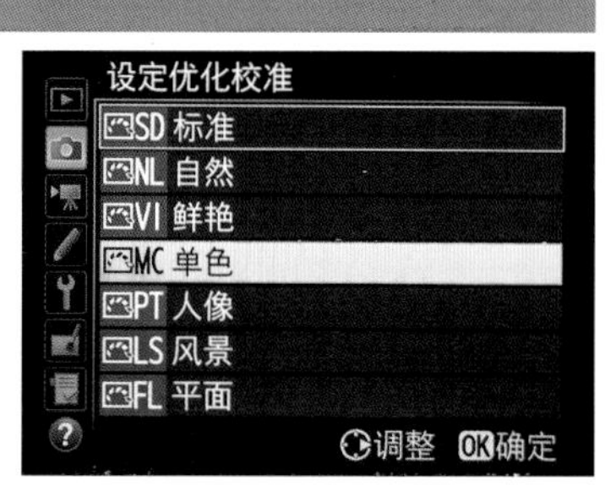

❷ 按下▲或▼方向键选择预设的优化校准选项

摄影到底怎么学?

【焦距：70 mm ┆ 光圈：f/2.8 ┆ 快门速度：1/160 s ┆ 感光度：ISO200】

▲ 在拍摄时将“设定优化校准”设置成“人像”模式，拍出来的画面中模特的皮肤显得白皙、柔和

Chapter 03 说说镜头那些事

从名称了解镜头的性能

佳能EF镜头名称解读

镜头名称中包括了很多数字和字母，EF系列镜头采用了独立的命名体系，各数字和字母都有特定的含义，能够熟记这些数字和字母代表的含义，就能很快地了解一款镜头的性能。

❶ 镜头种类	❷ 焦距
❸ 最大光圈	❹ 镜头特性

EF 24~105 mm f/4 L IS USM

❶ EF　❷ 24~105 mm　❸ f/4　❹ L IS USM

❶ 镜头种类

■ EF

适用于EOS相机所有卡口的镜头均采用此标记。如果是EF，则不仅可用于胶片单反相机，还可用于全画幅、APS-H画幅及APS-C画幅的数码单反相机。

■ EF-S

EOS数码单反相机中使用APS-C尺寸图像感应器机型的专用镜头。S为small image circle（小成像圈）的首字母。

■ MP-E

最大放大倍率在1倍以上的“MP-E 65 mm f/2.8 1~5x微距摄影”镜头所使用的名称。MP是macro photo（微距摄影）的首字母缩写。

■ TS-E

可将光学结构中一部分镜片倾斜或偏移的特殊镜头的总称，也就是人们所说的“移轴镜头”。佳能原厂有24 mm、45 mm、90 mm 3款移轴镜头。

❷ 焦距

表示镜头焦距的数值。定焦镜头采用单一数值表示，变焦镜头分别标记焦距范围两端的数值。

❸ 最大光圈

表示镜头所拥有最大光圈的数值。光圈恒定的镜头采用单一数值表示，如EF 70~200 mm f/2.8 L IS USM；浮动光圈的镜头标出光圈的浮动范围，如EF-S 18~135 mm f/3.5~f/5.6 IS。

❹ 镜头特性

■ L

L为luxury（奢侈）的首字母，表示此镜头属于高端镜头。此标记仅赋予通过了佳能内部特别标准的、具有优良光学性能的高端镜头。

■ II、III

镜头基本上采用相同的光学结构，仅在细节上有微小差异时，添加该标记。II、III表示是同一光学结构镜头的第2代和第3代。

■ USM

表示自动对焦机构的驱动装置采用了超声波马达（USM）。USM将超声波振动转换为旋转动力，从而驱动对焦。

■ 鱼眼（fisheye）

表示对角线视角180°（全画幅时）的鱼眼镜头。之所以称为鱼眼，是因为其特性接近于鱼从水中看陆地的视野。

■ SF

被佳能EF 135 mm f/2.8 SF镜头使用。其特征是利用镜片5种像差之一的“球面像差”来获得柔焦效果。

■ DO

表示采用DO镜片（多层衍射光学元件）的镜头。其特征是可利用衍射改变光线路径，只用一片镜片对各种像差进行有效补偿，此外还能够起到减轻镜头重量的作用。

■ IS

IS是image stabilizer（图像稳定器）的首字母缩写，表示镜头内部搭载了光学式手抖动补偿机构。

■ 小型微距

最大放大倍率为0.5的“EF 50 mm f/2.5小型微距”镜头所使用的名称。表示是轻量、小型的微距镜头。

■ 微距

通常将最大放大倍率在0.5~1倍（等倍）范围内的镜头称为微距镜头。EF系列镜头包括了50~180 mm各种焦段的微距镜头。

■ 1~5x微距摄影

数值表示拍摄可达到的最大放大倍率。此处表示可进行等倍至5倍的放大倍率拍摄。在EF镜头中，将具有等倍以上最大放大倍率的镜头称为微距摄影镜头。

尼康AF镜头名称解读

简单来说，AF 镜头指可实现自动对焦的尼康镜头，也称为 AF 卡口镜头。除此之外，尼康镜头名称中还包括了很多数字和字母，AF 系列镜头上的数字和字母都有特定的含义，熟记这些数字和字母代表的含义，就能很快地了解一款镜头的性能。

AF-S 70~200 mm f/2.8 G IF ED VRII

❶ AF-S　❷ 70~200 mm　❸ f/2.8　❹ G IF ED VRII

❶ 镜头种类

■ AF

此标识表示适用于尼康相机的AF卡口自动对焦镜头。早期的镜头产品中还有Ai这样的手动对焦镜头标识，目前已经很少看到了。

❷ 焦距

表示镜头焦距的数值。定焦镜头采用单一数值表示，变焦镜头分别标记焦距范围两端的数值。

❸ 最大光圈

表示镜头最大光圈的数值。定焦镜头采用单一数值表示，变焦镜头中光圈不随焦距变化而变化，而采用单一数值表示；光圈随焦距变化而变化的镜头，分别采用广角端和远摄端的最大光圈值表示。

❹ 镜头特性

■ D/G

带有D标识的镜头可以向机身传递距离信息，早期常用于配合闪光灯来实现更准确的闪光补偿，同时还支持尼康独家的3D矩阵测光系统，在镜身上同时带有对焦环和光圈环。

G型镜头与D型镜头的最大区别就在于，G型镜头没有光圈环，同时，得益于镜头制造工艺的不断进步，G型镜头拥有更高素质的镜片，因此在成像性能方面更有优势。

■ IF

IF是internal focusing的首字母缩写，指内对焦技术。此技术简化了镜头结构而使镜头的体积和重量都大幅度降低，甚至有的超远摄镜头也能手持拍摄，调焦也更快、更容易。另外，由于在对焦时前组镜片不会发生转动，因此在使用滤镜，尤其是有方向限制的偏振镜或渐变镜等时会非常便利。

■ ED

ED为extra-low dispersion的首字母缩写，指超低色散镜片。镜头加入这种镜片后，可以既拥有锐利的色彩效果，又可以降低色差以进行色彩校正，并使影像不会有色散的现象。

■ DX

印有DX字样的镜头，说明该镜头是专为尼康DX画幅数码单反相机而设计，这种镜头在设计时就已经考虑了感光元件的画幅问题，并在成像、色散等方面进行了优化处理，可谓是量身打造的专属镜头类型。

■ VR

VR即vibration reduction的首字母缩写，是尼康对于防抖技术的称谓，并已经在主流及高端镜头上得到了广泛的应用。在开启VR时，通常在低于安全快门速度3~4挡的情况下也能实现拍摄。

■ SWM（-S）

SWM即silent wave motor的首字母缩写，代表该镜头装载了超声波马达，其特点是对焦速度快，可全时手动对焦且对焦安静，这甚至比相机本身提供的驱动马达更加强劲、好用。

在尼康镜头中，很少直接看到该缩写，通常表示为AF-S，表示该镜头是带有超声波马达的镜头。

■ 鱼眼（fisheye）

表示对角线视角180°（全画幅时）的鱼眼镜头。之所以称为鱼眼，是因为其特性接近于鱼从水中看陆地的视野。

■ Micro

表示这是一款微距镜头。通常将最大放大倍率在0.5~1倍（等倍）范围内的镜头称为微距镜头。

■ ASP

ASP为aspherical lens elements的首字母缩写，指非球面镜片组件。使用这种镜片的镜头，即使在使用最大光圈时，仍能获得较佳的成像质量。

认识镜头的焦距特性

镜头的焦距与视角

每款镜头都有其固有的焦距，焦距不同，拍摄视角和拍摄范围也不同，而且不同焦距下的透视、景深等特性也有很大的区别。例如，使用广角镜头的14 mm焦距拍摄时，其视角能够达到114°；而如果使用长焦镜头的200 mm焦距拍摄时，其视角只有12°。不同焦距镜头对应的视角如右图所示。

由于不同焦距镜头的视角不同，因此，不同焦距镜头适用的拍摄题材也有所不同，如焦距短、视角宽的广角镜头常用于拍摄风光；而焦距长、视角窄的长焦镜头则常用于拍摄体育比赛、鸟类等位于远处的对象。

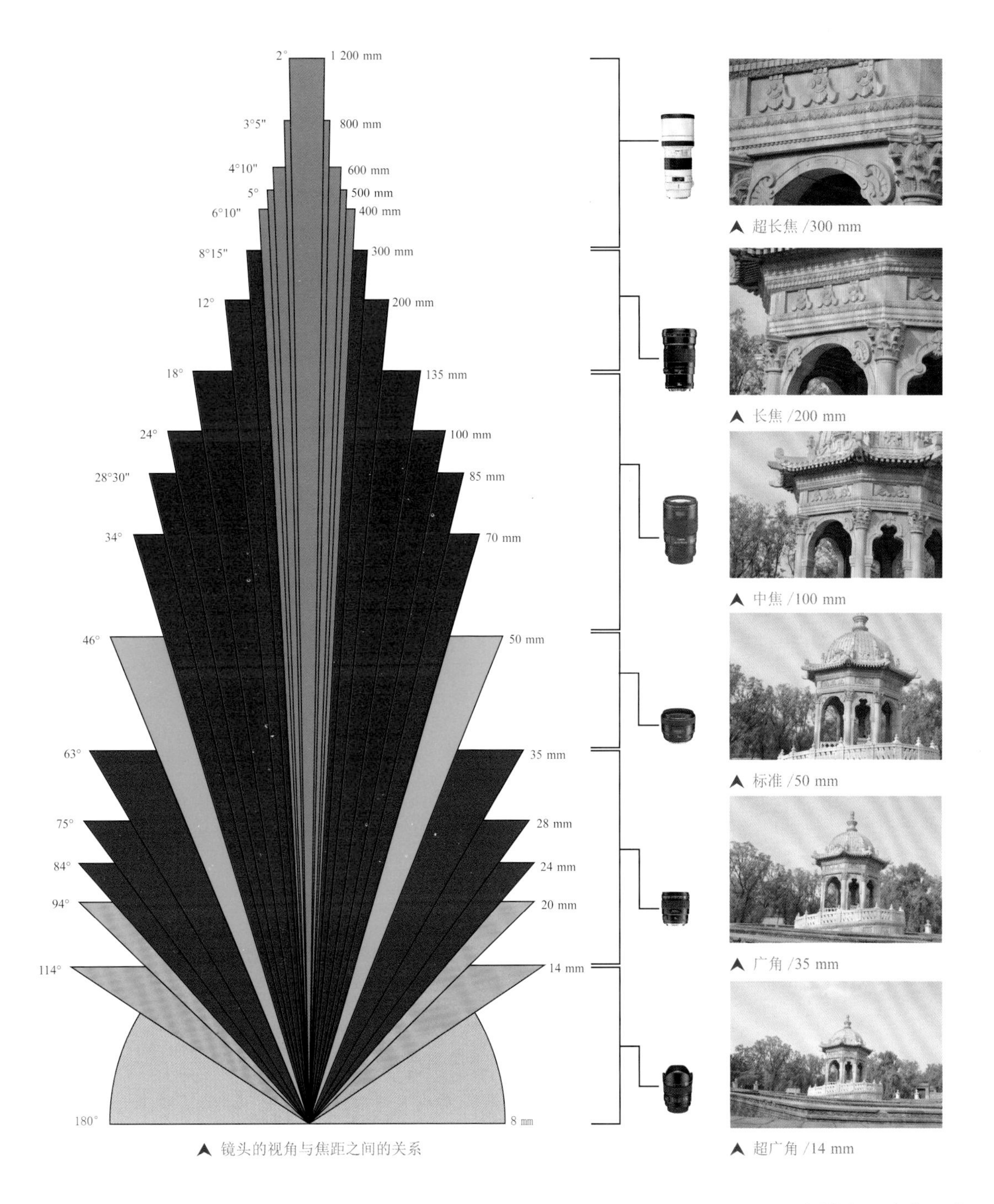

镜头的视角与焦距之间的关系

超长焦 /300 mm

长焦 /200 mm

中焦 /100 mm

标准 /50 mm

广角 /35 mm

超广角 /14 mm

镜头的焦距与成像大小

镜头的焦距是指对无限远处的被摄体对焦时镜头中心到成像面的距离，一般用长短来描述。

焦距变化带来的不同视觉效果主要体现在视角上。视野宽广的广角镜头，光照进镜头的入射角大，镜头中心到光集结起来的成像面之间的距离短，对角线视角较大，因此能够拍摄场景更广阔的景物。而视野窄的长焦镜头，光照进镜头的入射角小，镜头中心到成像面的距离长，对角线视角较小，因此适合以特写的角度拍摄远处的景物。

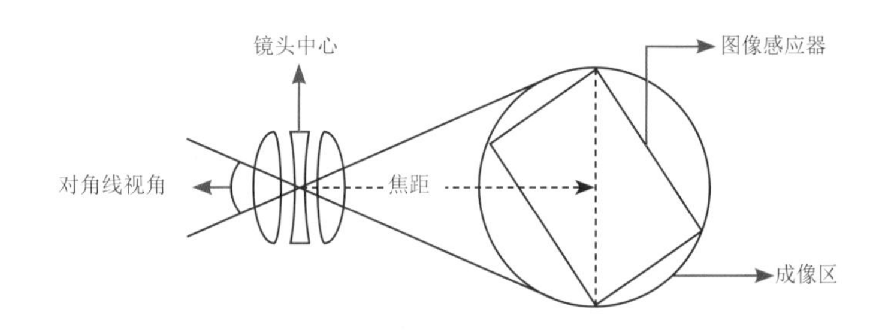

▲ 焦距较短的成像示意

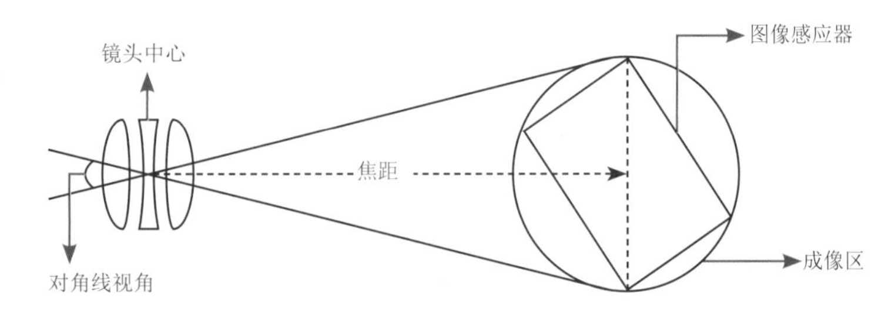

▲ 焦距较长的成像示意

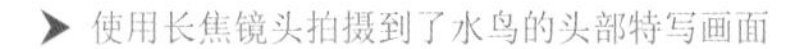

➤ 使用长焦镜头拍摄到了水鸟的头部特写画面

【焦距：400 mm ┆ 光圈：f/5.6 ┆ 快门速度：1/640 s ┆ 感光度：ISO400】

相机画幅与焦距转换系数

出现等效焦距的概念，是由于一只镜头在这两种不同画幅（全画幅与非全画幅/FX画幅与DX画幅）的数码相机上以相同的焦距拍摄时，成像的视角不同。例如，50 mm焦距的镜头用在全画幅（FX画幅）相机上，其视角大约是46°，而用在APS-C画幅（DX画幅）相机上时，其视角大约是30°，这样视角大体相当于75 mm焦距的镜头在全画幅相机上成像的视角，即基本都是30°。

为说明这种差异，在摄影界中引入了焦距转换系数这一概念。数码相机的感光元件越小，其镜头焦距转换系数越大，佳能相机的转换系数是1.5（尼康相机的转换系数是1.6）。

了解等效焦距的意义在于，当使用的是APS-C画幅（DX画幅）的相机时，可以通过镜头上标识的焦距，换算出当这只镜头安装在自己的相机上时，大体能够拍摄出哪种视角的画面。

例如，对于经常拍摄风光的摄影爱好者而言，如果选购的是一只最近焦距为28 mm的镜头：佳能EF 28~135 mm f/3.5~f/5.6 IS USM（尼康AF-S NIKKOR 28~300 mm f/3.5~f/5.6 G ED VR），则通过换算可知，其最近的焦距是42 mm（44.6 mm），因此无法拍摄出广角画面效果。

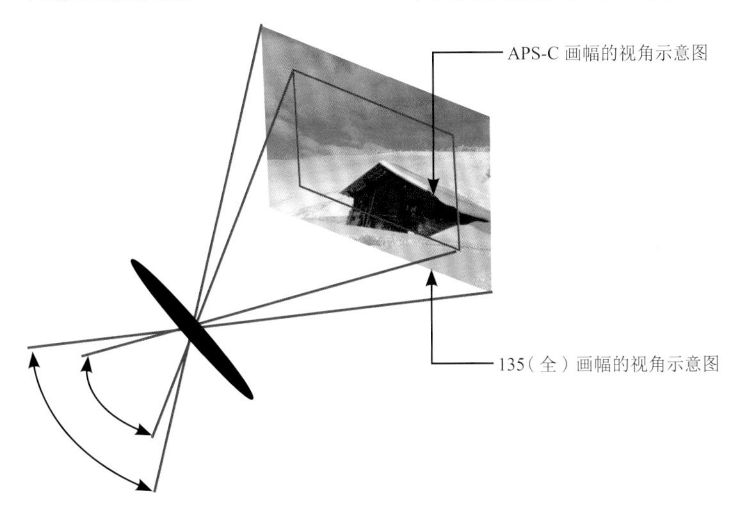

【焦距：17 mm ┆ 光圈：f/14 ┆ 快门速度：2 s ┆ 感光度：ISO100】

▲ 使用全画幅相机配合广角镜头进行拍摄，可以得到透视效果更佳的画面

定焦镜头与变焦镜头各有所长

定焦镜头

定焦镜头的焦距不可调节，它拥有光学结构简单、最大光圈很大、成像质量优异等特点，在相同焦段的情况下，定焦镜头往往可以和价值数万元的专业镜头相媲美。其缺点就是，由于焦距不可调节，机动性较差，在拍摄时，要重新构图、改变景别，必须要手持相机四处走动，正如摄友所说——“构图，基本靠走”。

初学者必看，如何更换镜头！

【焦距：85 mm ┆ 光圈：f/3.5 ┆ 快门速度：1/500 s ┆ 感光度：ISO100】

◀ 定焦镜头有着极其优异的成像质量

变焦镜头

变焦镜头的焦段非常广，并可根据主要的焦段范围将其分为广角镜头、中焦镜头及长焦镜头等类型，这种便利性使它深受广大摄影爱好者的欢迎。不过由于变焦镜头的历史较短、光学结构复杂、镜片片数较多等特点，使得它的生产成本很高。

使用变焦镜头拍摄时，即使摄影师原地不动，也能够利用改变镜头焦距的功能，改变照片的景别，因此，“一镜走天下”类的镜头全部是变焦镜头。

【焦距：85 mm ┆ 光圈：f/2.8 ┆ 快门速度：1/400 s ┆ 感光度：ISO100】

【焦距：35 mm ┆ 光圈：f/2.8 ┆ 快门速度：1/640 s ┆ 感光度：ISO100】

【焦距：135 mm ┆ 光圈：f/2.8 ┆ 快门速度：1/500 s ┆ 感光度：ISO100】

▲ 在这组照片中，摄影师只是在较小的范围内移动，就拍摄到了完全不同景别和环境的照片，这都得益于使用了变焦镜头的不同焦距

广角镜头

广角镜头的特点

广角镜头的焦距段为10～35 mm，其特点是视角广、景深大和透视效果好，不过成像容易变形，其中焦距为10～24 mm的镜头，由于焦距更短，视角更广，被称为超广角镜头。在拍摄风光、建筑等大场面的景物时，可以很好地表现景物雄伟壮观的气势。

常见的佳能定焦广角镜头有EF 35 mm f/1.4 L USM、EF 28 mm f/1.8 USM、EF 14 mm f/2.8 L II USM等；而变焦广角镜头则以EF 16～35 mm f/2.8 L II USM及EF 17～40 mm f/4 L USM等为代表。

广角镜头在风景摄影中的应用

拍摄风光照片时，广角镜头是最佳选择之一，利用广角镜头强烈的透视性能可以突出画面的纵深感，因此广角镜头常用来表现花海、山脉、海面、湖面等需要宽广的视角展示整体气势的摄影主题。

在拍摄时，可在画面中引入线条、色块等元素，以便充分发挥广角镜头的线条拉伸作用，增强画面的透视感，同时利用前景、远景的对比来突出画面的空间感。

10个广角镜头使用技巧

【焦距：17 mm ┆ 光圈：f/5.6 ┆ 快门速度：1/2 s ┆ 感光度：ISO100】

➤ 使用广角镜头拍摄的画面透视效果好，具有较强的空间纵深感

广角镜头在建筑摄影中的应用

由于建筑摄影中的被摄对象往往有明显、清晰的线条，因此使用广角镜头可以明显拉伸建筑物的线条，增强画面的透视感。

例如，如果要将城市的繁华与恢宏尽收于画面之中，就应该使用广角镜头，而且拍摄时要选择位置较高、视野开阔的地点，以横画幅来展现都市开阔、宏伟的规模。如果要拍摄的城市依山而建，可借助山丘居高临下地俯视拍摄都市全景，也可以在高楼、大桥、较宽阔的十字路口拍摄，同样能够营造出深远的画面意境。

如果利用广角镜头来拍摄高耸的高楼大厦，应该采用竖画幅，以仰视的角度进行拍摄，从而突出都市摩天大楼直插天际的高耸效果。

【焦距：18 mm ¦ 光圈：f/8 ¦ 快门速度：1/250 s ¦ 感光度：ISO100】 ▲ 使用广角镜头拍摄的建筑，建筑和周围的环境都可以得到很好的表现

中焦镜头

中焦镜头的特点

一般来说，35~135 mm焦段的镜头都可以称为中焦镜头，其中50 mm、85 mm镜头都是常用的中焦镜头。中焦镜头的特点是镜头的畸变相对较小，能够较真实地还原拍摄对象，因此在拍摄人像、静物等题材时应用非常广泛。

常见的佳能定焦中焦镜头有EF 85 mm f/1.2 L II USM、EF 50 mm f/1.2 L USM等，而带有中焦端的变焦镜头则以EF 24~70 mm f/2.8 L USM及EF 24~105 mm f/4 L IS USM等为代表。

中焦镜头在人像摄影中的应用

使用中焦镜头拍摄人像时，可避免由于拍摄距离过远或过近而产生的疏离感或压迫感，更容易抓拍到模特最真实的表情。适当缩小光圈后，能够将部分环境纳入画面中，这样可更写实地表现出模特的气质。

如果是在较杂乱的环境中拍摄，可通过拉远人物与背景之间的距离来模糊背景、简化画面，使模特在画面中显得更加突出。

使用中焦镜头拍摄人像具有变形小的优点，以平视角度拍摄的画面看起来很舒服。

【焦距：85 mm ¦ 光圈：f/3.5 ¦ 快门速度：1/500 s ¦ 感光度：ISO200】

▲ 中焦镜头拍摄人像的效果比较自然，画面看起来很舒服

中焦镜头在自然风光摄影中的应用

虽然中焦镜头又被称为“人像镜头”，多用于人像拍摄，但这并不代表中焦镜头不能拍摄风光。实际上，由于中焦镜头能够产生一定的画面压缩透视效果，因此在风光摄影中也常被用到。

例如，在拍摄森林时，使用中焦镜头平视拍摄，能够产生树木紧贴的效果，使画面中的树木看上去更密集。另外，中焦镜头也常被用于表现景物的局部，例如，表现外形完美的花瓣、质感强烈的礁石等。

➤ 使用中焦镜头拍摄盛开的樱花，由于镜头产生了景深压缩效果，画面中的花朵显得更加密集、繁茂

【焦距：50 mm ¦ 光圈：f/8 ¦ 快门速度：1/160 s ¦ 感光度：ISO200】

长焦镜头

长焦镜头的特点

长焦镜头也叫“远摄镜头”，具有“望远”的功能，能拍摄距离较远、体积较小的景物，通常拍摄野生动物或容易被惊扰的对象时会用到长焦镜头。长焦镜头的焦距通常在135 mm以上， 一般有135 mm、180 mm、200 mm、300 mm、400 mm、500 mm等几种，而焦距在300 mm以上的镜头被称为“超长焦镜头”。长焦镜头具有视角窄、景深小、空间压缩感较强等特点。

认识长焦镜头的透视压缩特性

透视压缩是使用长焦镜头拍摄的照片所存在的一个较为明显的特征，即画面没有纵深感，表现为较明显的平面效果。这是由于长焦镜头视角较窄，在画面中很难形成具有明显透视效果的线条，因此画面很难产生透视效果。

在实际拍摄过程中，所使用的镜头焦距不同，其拍摄视角也不同，因此画面的透视效果自然存在差异。例如，当使用广角镜头的18 mm焦距拍摄时，其拍摄视角约110°；而使用长焦镜头的250 mm焦距拍摄时，其拍摄视角只有8°左右，在这么狭窄的视角内是很难表现出透视效果的。

从右侧的图例可以看出，虽然拍摄的是同一个建筑物，拍摄时摄影师所处的位置也没有变化，但在使用250 mm焦距拍摄的画面中，建筑看起来更大，而且感觉更靠近背景处的白云，这正是由于长焦镜头具有明显的透视压缩特性造成的。

通常，在拍摄时使用的镜头焦距越大，拍出照片中的背景也显得越大，而两者之间的距离感也就越不明显。

常见的佳能定焦长焦镜头有EF 135 mm f/2 L USM、EF 200 mm f/2 L IS USM、EF 400 mm f/2.8 L IS USM等，而长焦变焦镜头则以EF 70~200 mm f/2.8 L II IS USM及EF 100~400 mm f/4.5~5.6 L IS USM等为代表。

▲ 使用广角镜头的18 mm焦距拍摄时，其拍摄视角约为110°，画面的透视效果明显

▲ 使用长焦镜头的250 mm焦距拍摄时，其拍摄视角约为8°，画面的透视效果不明显

使用长焦镜头虚化背景以突出动物或飞鸟

在拍摄动物时，通常要使用长焦镜头，因为如果拍摄时身处野外，只有使用长焦镜头，摄影师才能在较远的距离进行拍摄，从而避免被摄动物由于摄影师的靠近，受到惊吓而逃走，也可以避免摄影师过于靠近凶猛的动物而受到伤害。如果拍摄的是动物园中的动物，也必须使用长焦镜头，因为摄影师通常无法靠近这些动物。

另外，在户外拍摄动物时，使用长焦镜头可以获得较好的背景虚化效果，便于突出被摄主体的形象。

在拍摄鸟类时，长焦镜头更是必备器材。在拍摄高空中的飞鸟时，至少要用300 mm的长焦镜头；而要拍摄特写的话，600 mm左右的超长焦镜头是最好的选择。

【焦距：300 mm ┆ 光圈：f/5.6 ┆ 快门速度：1/1 250 s ┆ 感光度：ISO800】

▲ 使用长焦镜头可以轻易拍出野生动物们悠闲的生活场景，画面真实、自然，能打动人

【焦距：500 mm ┆ 光圈：f/6.3 ┆ 快门速度：1/320 s ┆ 感光度：ISO500】

➤ 摄影师通过长焦镜头对背景进行虚化处理，使鸟儿在杂乱的环境中脱颖而出

长焦镜头在建筑风光摄影中的应用

不同的建筑看点不同，有些建筑美在造型，如国家大剧院、鸟巢，有些建筑则美在细节，如故宫、布达拉宫，这并不是否定一些建筑的细节或另一些建筑的整体，而仅仅是从相对的角度分析拍摄不同的建筑时，更应该关注整体还是局部。

对于那些美在整体的建筑，当然应该用广角镜头尽量表现其整体感，而细节美的建筑则应该用长焦镜头以近景甚至是特写的景别表现那些容易被游人忽略的细节，通过刻画这些细节，使建筑的设计与建造者的聪明才智得以充分体现。

➤ 利用长焦镜头在较远的位置把建筑物的细节放大，更好地展现了建筑物局部造型的精美

【焦距：200 mm ┆ 光圈：f/5.6 ┆ 快门速度：1/320 s ┆ 感光度：ISO100】

长焦镜头在人像摄影中的应用

很多人像摄影师都习惯于使用85 mm的定焦镜头拍摄人像，因为采用85 mm左右的焦距拍摄时，摄影师与模特之间能够进行良好的沟通，而且由于镜头光圈较大，因此可以得到较好的虚化效果。

实际上，在拍摄人像时，长焦镜头也经常被用到，尤其是当摄影师手中没有大光圈镜头时，要想拍出漂亮的背景虚化效果，非长焦镜头莫属。

➤ 使用长焦镜头拍摄的人像，小景深的画面使杂乱的环境被虚化掉了，突出了画面中的被摄者

【焦距：200 mm ┆ 光圈：f/3.5 ┆ 快门速度：1/800 s ┆ 感光度：ISO100】

长焦镜头在体育、纪实摄影中的应用

在拍摄体育类照片时，通常不太可能在赛场中拍摄，而是在举办方指定的摄影场地拍摄，这就决定了摄影师必须使用长焦镜头，才有可能拉近远处的运动员。通常所使用的镜头焦距都应该在200 mm甚至300 mm以上，这也是为什么在欣赏比赛时，场边“长枪大炮”特别多的原因。

另外，在拍摄体育纪实时，为了将运动员精彩的运动瞬间定格下来，应选择较高的快门速度。如果是在户外拍摄正常走动的运动员，使用1/250 s左右的快门速度即可；如果运动员做幅度较大的剧烈运动，则应该设置更高的快门速度。

在拍摄之前，应该预先做好测光和构图工作，避免被摄者冲出画面之外而失去拍摄时机。这种情况多出现在拍摄高速运动的人物时，往往是摄影师还没有来得及改变构图，人物的运动就已经完成了。

而对于拍摄纪实照片而言，很重要的一点是务必使画面真实而自然地表现人物当时的状态，如争斗、织布、洗衣、纺纱等，因为很少有人注意到自己被摄影师拍摄时，还能保持自然的表情和动作，因此，拍摄时最好使用长焦镜头，当然这也要视被摄对象与摄影师之间的距离而定。

➤ 利用长焦镜头拍摄节日庆典中载歌载舞的红衣女子，亮丽的服装与生动的表情使画面显得极为生动、传神

【焦距：200 mm ┆ 光圈：f/10 ┆ 快门速度：1/640 s ┆ 感光度：ISO100】

【焦距：300 mm ┆ 光圈：f/2.8 ┆ 快门速度：1/500 s ┆ 感光度：ISO3200】

▲ 摄影师采用长焦镜头拍摄到足球运动员在比赛中的精彩瞬间，画面干净，主体突出

微距镜头

微距镜头的特点

微距镜头主要用于近距离拍摄物体，它具有1：1的放大倍率，即成像与物体实际大小相等，其焦距通常有60 mm、100 mm、180 mm几种。微距镜头被广泛地用于拍摄花卉、昆虫等体积较小的对象，也可用于翻拍老照片。

微距镜头在昆虫与花卉摄影中的应用

微距镜头是拍摄昆虫、花卉等对象的最佳选择，因为微距镜头可以按照1：1的放大倍率对被摄体进行放大，这种效果是其他镜头无法比拟的。

因此，无论是表现昆虫羽翼的图案、艺术品般的复睛，还是花瓣精细的纹理、花蕊的结构，微距镜头都能够将其清晰地呈现在画面中。此外，由于使用微距镜头拍摄的画面景深通常都比较小，因此可虚化无关的背景，从而获得色彩纯净、主体突出的画面效果。

要注意的是，由于微距镜头拍出画面的景深非常浅，因此在使用时要注意对焦的精准性，通常采用手动对焦方式进行对焦。

【焦距：60 mm ┆ 光圈：f/13 ┆ 快门速度：1/250 s ┆ 感光度：ISO100】

▲ 使用微距镜头靠近拍摄，蜘蛛的体态被放大后，大大的眼睛显得格外突出

Chapter 04 可以为照片增色的常用附件

常用的滤镜

什么是UV镜

UV 镜也叫“紫外线滤镜”，是滤镜的一种，主要是为胶片相机而设计的，用于防止紫外线对曝光的影响，提高成像质量和影像的清晰度。而现在的数码相机已经不存在这种问题了，但由于其价格低廉，已成为摄影师用来保护数码相机镜头的工具。除了购买原厂的 UV 镜外，肯高、保谷、罗敦斯德、B+W 等厂商生产的 UV 镜也不错，性价比很高。

绝大部分 UV 镜都是与镜头最前端拧在一起的，而不同的镜头拥有不同的口径，因此，UV 镜也分为相应的各种口径，读者在购买时一定要注意了解自己所使用镜头的口径。口径越大的 UV 镜，价格自然也就越高。此外，越薄的 UV 镜价格也越贵，好的 UV 镜的价格通常不低于一款入门级的标准镜头。

在购买 UV 镜时，还要关注其透光率，透光率越高的 UV 镜对照片画质的影响越小，但价格也越高。

UV镜

滤镜的8个错误用法，你中招了吗？

➤ 在镜头前安装质量较好的UV镜，对画面质量的影响并不大

【焦距：40 mm ┆ 光圈：f/22 ┆ 快门速度：2.5 s ┆ 感光度：ISO100】

什么是中灰镜

中灰镜（neutral density，ND），又被称为中性灰阻光镜、灰滤镜、灰片等。其外观类似于一个半透明的深色玻璃，通常安装在镜头前面，用于减少镜头的进光量，以便降低快门速度。如果拍摄时环境光线过于充足，要求使用较低的快门速度，此时就可使用中灰镜来降低快门速度。

▲ 肯高 52 mm ND4 中灰镜

中灰镜分为不同的级数，常见的有 ND2、ND4、ND8 三种，分别代表可以降低 1 挡、2 挡和 3 挡快门速度。例如，在晴朗天气拍摄瀑布时，如果使用 f/16 的光圈，得到的快门速度为 1/16 s，这样的快门速度无法使水流虚化。此时可以安装 ND4 型号的中灰镜，或安装两块 ND2 型号的中灰镜，使镜头的通光量降低，从而降低快门速度至 1/4 s，即可得到预期的画面效果。

中灰镜各参数对照表

透光率（p）	密度（D）	阻光倍数（O）	滤镜因数	曝光补偿级数（应开大光圈的级数）
50%	0.3	2	2	1
25%	0.6	4	4	2
12.5%	0.9	8	8	3
6%	1.2	16	16	4

什么是偏振镜

偏振镜也叫偏光镜或 PL 镜，在各种滤镜中，是一种比较特殊的滤镜，主要用于消除或减少物体表面的反光。由于在使用时需要调整角度，所以偏振镜上有一个接圈，使得偏振镜固定在镜头上以后，也能进行旋转。

▲ 肯高 67 mm C-PL（W）偏振镜

偏振镜分为线偏和圆偏两种，数码相机应选择有“C-PL”标志的圆偏振镜，因为在数码单反相机上使用线偏振镜容易影响测光和对焦。

偏振镜由很薄的偏振材料制作而成，偏振材料被夹在两片圆形玻璃片之间，旋拧安装在镜头的前端后，摄影师可以通过旋转前部改变偏振的角度，从而改变通过镜头的偏振光数量。旋转偏振镜时，从取景器或液晶显示屏上就会看到光线随着偏振镜的旋转时有时无，色彩饱和度也会随之发生强弱变化，当得到最佳视觉效果时，即可完成拍摄。

什么是中灰渐变镜

中灰渐变镜是一种有颜色过渡的滤镜，滤镜的一半是灰色的，另一半是无色的。使用中灰渐变镜进行拍摄时，可通过调整渐变镜的角度，将灰色端覆盖在较亮的部分，如常见的天空，能阻挡过亮的天空处进入相机镜头的光线，而由于渐变镜的无色端在较暗的部分，如地面部分，就不会阻碍光线进入镜头，由于较暗的区域需要较长的曝光时间，而较亮的区域由于阻光效应，也进行了较长时间的曝光，使两部分在同样的曝光时间内，均得到了合适的曝光，从而在地面部分图像曝光正常的情况下，使天空具有很好的云彩层次。

圆形渐变镜是安装在镜头上的，使用起来比较方便，但由于渐变是不可调节的，因此只能拍摄天空约占画面 50% 的照片；而使用方形渐变镜时，需要买一个支架装在镜头前面才可以把滤镜装上，其优点是可以根据构图的需要调整渐变的位置。使用托架的另一个优点是可以插入多片渐变镜，形成复杂的阻光效果。另外，当所拍摄场景的地平线是倾斜的时候，能通过调整托架的方向与之匹配，以避免渐变镜的渐变区域与前景重叠。因此，对于风光摄影而言，渐变镜的角度是否能够调整就显得非常重要。

▲ 安装了中灰渐变镜的相机

【焦距：18 mm ┆光圈：F5.6 ┆快门速度：1.4 s ┆感光度： ISO100】

滤镜这么玩，更有意思！

◀ 在拍摄海景风光时，摄影师使用了中灰渐变镜平衡天空与地面的亮度差，得到了这张视觉效果极佳的照片

实拍应用：用中灰镜拍摄如丝的流水

有一些小的溪流、瀑布在深山茂林之中，由于拍摄的环境较暗，阳光照射不充分，因此拍摄时可以采用小光圈、慢速快门，以及相对较长的曝光时间，使瀑布、溪流得到充分曝光，从而使得瀑布和溪流在画面中如白练一般。

但如果要拍摄的瀑布周围并无遮挡，且是在晴朗的天气拍摄，此时虽然用很小的光圈、很低的感光度数值，快门仍然不可能降得很低。即使在快门优先的模式下，强行将快门速度降低，拍摄出来的画面也会过曝。此时，就应该在中灰镜的配合下拍摄瀑布，中灰镜能够起到阻光、减弱射入镜头光线的作用。在这种情况下拍摄时，就类似于周围的环境光减弱了，从而可以使用 15~30 s 的慢速快门来拍摄瀑布、溪流，使水流在画面中呈现出如丝绸一般的质感。

【焦距：18 mm ┆ 光圈：f/9 ┆ 快门速度：1 s ┆ 感光度： ISO100】

▲ 在光线充足的环境下拍摄，为了避免由于长时间曝光画面会出现曝光过度的现象，在镜头前安装中灰镜，减少进光量，从而获得丝滑水流的效果

实拍应用：用偏振镜提高色彩饱和度

如果拍摄环境的光线比较杂乱，会对景物的色彩还原产生很大的影响。环境光和天空光在物体上形成的反光，会使景物的颜色看起来并不鲜艳。使用偏振镜进行拍摄，可以消除杂光中的偏振光，减少杂光对物体色彩还原的影响，从而提高物体的色彩饱和度，使其颜色显得更加鲜艳。

【焦距：70 mm ┆光圈：f/6.3┆快门速度：1/1 600 s ┆感光度：ISO400】

▲ 使用偏振镜拍摄得到高饱和度的画面，增强了画面的感染力

实拍应用：晴朗天气里用偏振镜拍摄清澈见底的水景

使用偏振镜拍摄的另一个好处就是可以抑制被摄体表面的反光。在拍摄水面、玻璃表面时，经常会遇到反光，使用偏振镜则可以削弱水面、玻璃及其他非金属物体表面的反光。

➤ 使用偏振镜消除了水面的反光，从而拍出了更加清澈的水面

【焦距：26 mm ┆光圈：f/18 ┆快门速度：1/30 s ┆感光度：ISO200】

实拍应用：在阴天使用中灰渐变镜改善天空影调

中灰渐变镜几乎是在阴天时唯一能够有效改善天空影调的滤镜。在阴天条件下，虽然密布的乌云显得很有层次，但实际上天空的亮度仍然远远高于地面，如果按正常曝光方法拍摄，画面中的天空会由于过曝而显得没有层次感。此时，如果使用中灰渐变镜，将深色的一端覆盖在天空端，则可以通过降低镜头的进光量来延长曝光时间，使云彩的层次得到较好的表现。

【焦距：14 mm ┆ 光圈：f/16 ┆ 快门速度：20 s ┆ 感光度：ISO100】

➤ 为了避免因长时间曝光而影响天空的层次，使用了中灰渐变镜，从而很好地表现出了雾化的海面及层次丰富的云层

其他辅助拍摄的附件

遮光罩

遮光罩一般应用在逆光、侧光环境中的拍摄，以避免周围的散射光进入镜头。遮光罩还有保护镜头的功能，防止镜头因受到意外碰撞而损伤。

两种遮光罩

晴朗的白天由于光比较强，为了保护镜头和获得优质的画面，应该使用遮光罩。而夜间拍摄时如果光源比较杂乱，则可以使用遮光罩避免周围的干扰光进入镜头。

常用的遮光罩可粗分为两种类型，一种是鱼眼镜头遮光罩，也就是广角镜头遮光罩，镜头焦距越短，视角越大，遮光罩也就越短；另一种是中长焦镜头所用的遮光罩，由于视角偏小，可以选用长一点的遮光罩。

配置在不同焦距段镜头上的遮光罩也不能混用。50 mm 镜头的遮光罩用在 100 mm 的镜头上，就起不到遮光作用，若用在 28 mm 的镜头上，则会使画面产生暗角。

【焦距：145 mm ┆ 光圈：f/6.3 ┆ 快门速度：1/200 s ┆ 感光度：ISO100】

在拍摄逆光照片时，使用遮光罩可以避免出现光晕，画面效果更加突出

外置闪光灯

外置闪光灯需要另外购买，可以安装在相机热靴上。相对于外置闪光灯，内置闪光灯只能算是弱光环境下的一个不得已的选择而已，外置闪光灯在闪光指数（GN，可简单理解为在相同环境及拍摄参数下所能达到的最大闪光强度，数值越大越好）、可调整角度和同步速度等方面，都远胜于内置闪光灯。

在布置创意性的光线时，外置闪光灯更能大显身手。对于使用佳能或尼康相机的摄影师而言，除了可以选择佳能 EX 系列的闪光灯、尼康 SB 系列的闪光灯外，还可以选择永诺、日清、美兹等其他厂家的闪光灯，其性价比更高。

▲ 尼康 SB-900 闪光灯　　▲ 佳能 600EXII-RT

【焦距：165 mm ┆ 光圈：f/4 ┆ 快门速度：1/125 s ┆ 感光度：ISO100】

➤ 借助于外置闪光灯为逆光的人像进行补光，缩小了光比，明暗过渡更柔和，有利于表现人物的柔美气质

反光板

反光板是人像摄影中最常用到的补光附件，无论是外拍还是棚拍，反光板都发挥着极其重要的作用。一般尺寸较大的反光板可以使人物的补光更加均匀，其次，还有一种多用反光板，有金、银、黑、白 4 个反光面，可以更好地满足不同环境光线下拍摄的补光要求。

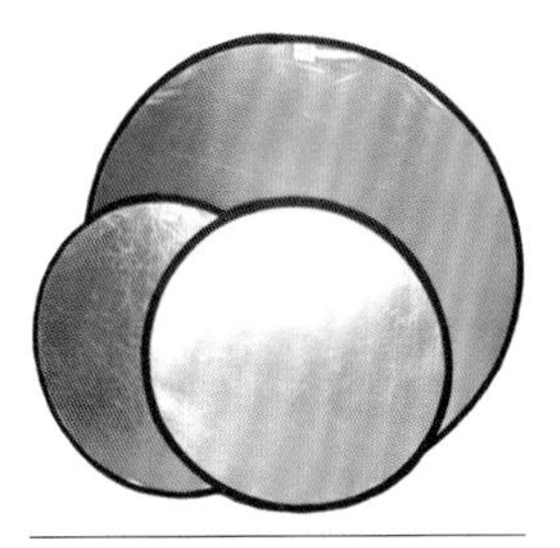

▲ 金色和银色反光板

【焦距：200 mm ┆ 光圈：f/3.5 ┆ 快门速度：1/200 s ┆ 感光度：ISO100】

▲ 在背光处拍摄时，使用反光板为模特的面部进行补光，使其面部不会由于背光而在画面中显得比较暗

快门线

在对拍摄的稳定性要求很高的情况下，通常会采用快门线与脚架结合使用的方式进行拍摄。其中，快门线的作用就是为了尽量避免直接按下机身快门时可能产生的震动，以保证相机稳定，进而保证得到更高的画面质量。

将快门线与相机连接后，可以像在相机上操作一样，半按快门进行对焦、完全按下快门进行拍摄，但由于不用触碰机身，因此在拍摄时可以避免相机的抖动。

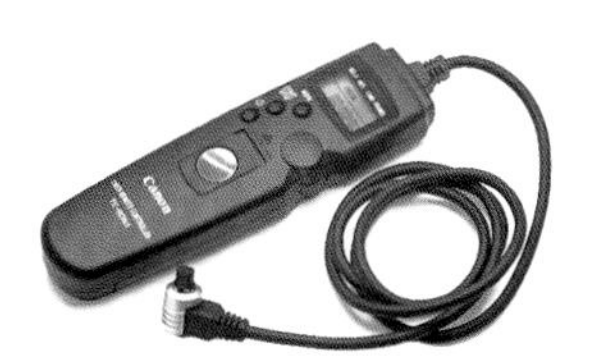

▲ 佳能 TC-80N3 定时快门线

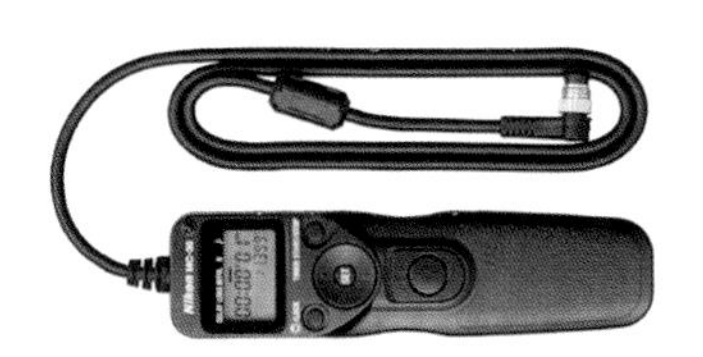

▲ 尼康 MC-36 快门线

【焦距：24 mm ┆ 光圈：f/8 ┆ 快门速度：15 s ┆ 感光度：ISO100】

▲ 这张夜景照片的曝光时间达到了 15 s，为了保证画面清晰，快门线与三脚架是必不可少的装备

脚架

在拍摄微距、长时间曝光题材或长焦镜头拍摄动物时，脚架是必备的摄影配件之一，使用它可以让相机变得更稳定，即使在长时间曝光的情况下，也能够拍摄到清晰的照片。

市场上的脚架类型非常多，按材质可以分为高强塑料材质、合金材料、钢铁材料、碳素纤维等几种，其中以铝合金及碳素纤维材质的脚架最为常见。

铝合金脚架的价格较便宜，但体积较大，也较沉，不便于携带；碳素纤维脚架的档次要比铝合金脚架高，便携性、抗震性、稳定性都很好，在经济条件允许的情况下，是非常理想的选择，但其价格昂贵。

另外，根据支脚数量可把脚架分为三脚与独脚两种。三脚架用于稳定相机，甚至在配合快门线、遥控器的情况下，可实现完全脱机拍摄；而独脚架的稳定性能要弱于三脚架，主要是起支撑的作用，在使用时需要摄影师来控制独脚架的稳定性，由于其体积和质量都只有三脚架的 1/3，无论是旅行还是日常拍摄携带都十分方便。

不同厂商生产的脚架性能、质量均不尽相同，便宜的脚架价格只有 100~200 元，而贵的脚架价格可能达到数千元。下面是选购脚架时应该注意的几个要点。

- 脚管的节数：脚架有 3 节脚管和 4 节脚管两种类型，追求稳定性和操作简便的摄影师可选 3 节脚管的三脚架，而更在意携带方便性的摄影师应该选择 4 节脚管的三脚架。
- 脚管的粗细：将脚架从最上节到最下节全部拉出后，观察最下节脚管的粗细程度，通常应该选择最下节脚管粗的脚架，以便更好地保持脚架的稳定。
- 脚架的整体高度：完全打开脚架并安装相机的情况下，观察相机的取景器高度。如果脚架高度太低，摄影师会由于要经常弯腰而容易疲劳，且拍摄范围也受到局限。注意在此提到的高度是在不升中轴的情况下测量的，因为在实际拍摄时中轴的稳定性并不好，因此越少使用越好。如果可能，应该了解脚架的升起中轴最大高度、未升起中轴最大高度、最低高度、折合高度 4 个高度指标。
- 脚管伸缩顺畅度：如果脚架是旋钮式，要确认一下旋钮要拧到什么程度脚管伸缩才顺畅（旋钮式的优点是没有突出锁件，便于携带与收纳，但操作时间相对较长，而且松紧度不可调节）。如果是扳扣式的，则要看使用多大的力度才能扣紧（扳扣式的优点是操作速度快，松紧度可调，但质量不好的锁件易损）。

▲ 碳素纤维三脚架

▲ 镁合金扳扣式独脚架

▲镁合金旋钮式三脚架

▲镁合金旋钮式独脚架

▲3 节脚管三脚架

▲4 节脚管三脚架

▲ 旋钮式

▲ 扳扣式

实拍应用：用跳闪方式为人物补光

所谓跳闪，通常是指使用外置闪光灯，通过反射的方式将光线反射到被摄对象身上，常用于室内或有一定遮挡的人像摄影中，这样可以避免直接对被摄对象进行闪光，造成光线太过生硬，且容易形成没有立体感的平光效果。

在室内拍摄人像时，经常通过调整闪光灯的照射角度，让其向着房间的顶棚进行闪光，然后将光线反射到被摄对象身上，这在人像、现场摄影中是非常常见的一种补光形式。

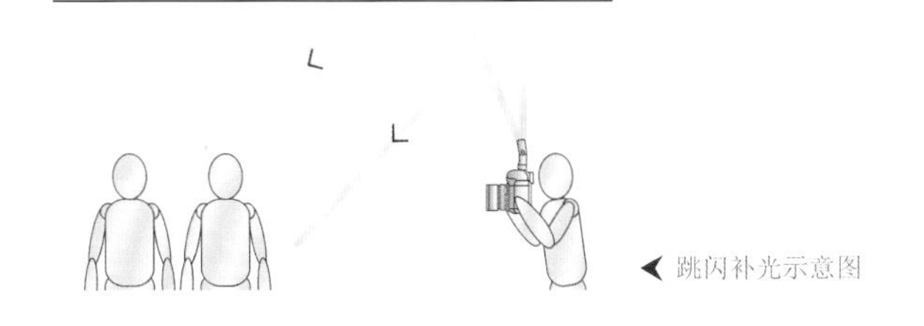

跳闪补光示意图

使用闪光灯向屋顶照射光线，使之反射到人物身上进行补光，使人物的皮肤显得更加细腻，画面整体感觉也更为柔和

【焦距：35 mm ¦ 光圈：f/4 ¦ 快门速度：1/125 s ¦ 感光度：ISO100】

实拍应用：为人物补充眼神光

眼神光板是中高端闪光灯才拥有的组件，在佳能 430 EXII、580EXII 上就有此组件，平时可收纳在闪光灯的上方，在使用时将其抽出即可。

其最大的作用就是利用闪光灯在垂直方向可旋转一定角度的特点，将闪光灯射出的少量光线反射至人眼中，从而形成漂亮的眼神光，虽然其效果并非最佳（最佳的方法是使用反光板补充眼神光），但至少可以有一定的效果，让眼睛更有神。

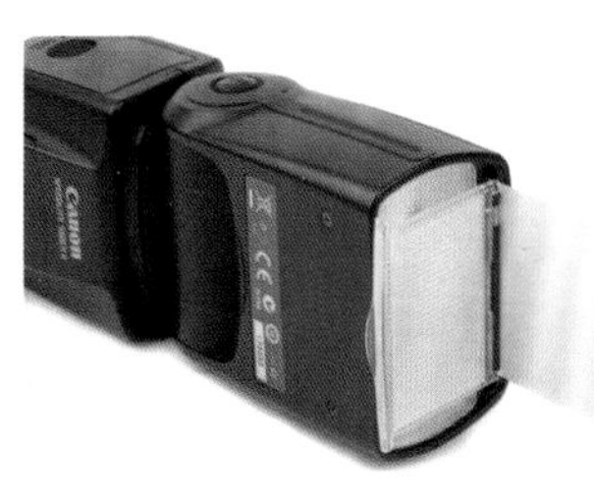

拉出眼神光板后的闪光灯

这张照片是使用反光板为人物补光拍摄的，拍摄时将闪光灯旋转至与垂直方向成 60° 的位置上，并拉出眼神光板，从而为人物眼睛补充了一定的眼神光，使之看起来更有神

【焦距：45 mm ¦ 光圈：f/7.1 ¦ 快门速度：1/125 s ¦ 感光度：ISO125】

实拍应用：用反光板减弱画面的明暗对比

反光板是拍摄人像时使用频率较高的配件，通常用于为被摄人物补光。例如，当模特背向光源时，如果不使用反光板进行正面补光，则拍摄出来的照片中模特的面部会显得比较暗。

常见的反光板尺寸有 50 mm、60 mm、80 mm 和 110 mm 等。如果只是拍摄半身像，使用 60 mm 左右的反光板就足够了；如果经常拍摄全身像，那么建议使用 110 mm 以上的反光板。

当光线较强时拍摄人像，会很容易出现强烈的反差及浓重的阴影，甚至是曝光过度的现象，在这样的情况下，可以使用透光板，透光板透光但并不透明，可以充当强光的柔光罩，只要在被摄体与光源之间使用透光板，就可以将原本生硬的直射光线变成柔和的散射光线，从而使拍摄的画面变得具有柔和的质感。

室内摄影，可以代替反光板的N种道具

➤ 在侧逆光下拍摄，使用反光板为模特的面部补光，避免了强烈的明暗对比对模特造成的影响，同时也兼顾了侧逆光下形成的轮廓光，使人物更有立体感，画面更生动、自然

【焦距：85 mm ┆ 光圈：f/1.8 ┆ 快门速度：1/2 000 s ┆ 感光度：ISO100】

Chapter 05

透彻理解曝光三要素

理解光圈

认识光圈

光圈是相机镜头内部的一个组件，它是由许多金属薄片组成的，金属薄片可以活动，通过改变它的开启程度，可以控制进入镜头光线的多少。光圈的大小用光圈系数表示，理解光圈对于相机进光量的控制原理，对于拍摄出曝光准确的照片具有很重要的意义。

▲ 光圈示意图

看懂光圈值的表示方法

光圈值用字母 F 或 f 表示，如 F8、f8（或 F/8、f/8）。常见的光圈值有 f/1.4、f/2、f/2.8、f/4、f/5.6、f/8、f/11、f/16、f/22、f/32、f/36 等，光圈每递进一挡，光圈口径就不断缩小，通光量也逐挡减半。例如，f/5.6 光圈的进光量是 f/8 的两倍。

当前我们所见到的光圈数值还包括 f/1.2、f/2.2、f/2.5、f/6.3 等，这些数值不包含在光圈正级数之内，这是因为各镜头厂商都在每级光圈之间插入了 1/2 倍（f/1.2、f/1.8、f/2.5、f/3.5 等）和 1/3 倍（f/1.1、f/1.2、f/1.6、f/1.8、f/2.2、f/2.5、f/3.2、f/3.5、f/4.5、f/5.0、f/6.3、f/7.1 等）变化的副级数光圈，以更加精确地控制曝光程度，使画面的曝光更加准确。

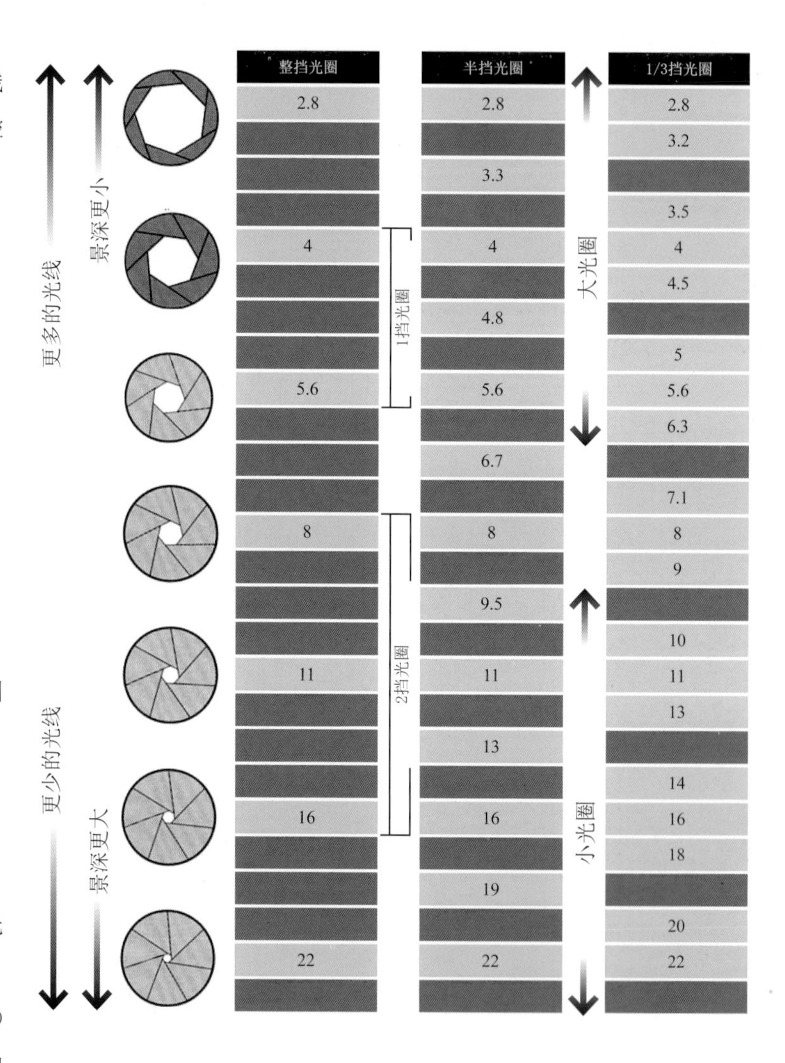

光圈f数值与进光量

光圈开启越大（f 值越小），相同曝光时间内的通光量越多，曝光也越充分，因此照片就越亮；光圈开启越小（f 值越大），相同曝光时间内的通光量越少，曝光也越不充分，因此照片就越暗。

最佳光圈及其应用

通常情况下，摄影师都会选择比镜头最大光圈稍小 1~2 挡的中等光圈，因为大多数镜头在中等光圈下的成像质量是最优秀的，照片的色彩和层次都有更好的表现。例如，一只最大光圈为 f/2.8 的镜头，其最佳成像质量光圈是 f/5.6 ~f/8 。

光圈与景深的关系

光圈是控制景深（背景虚化程度）的重要因素。即在相机焦距不变的情况下，光圈越大景深越小，反之，光圈越小景深越大。在拍摄时想通过控制景深来使自己的作品更有艺术效果，就要合理使用大光圈和小光圈。

所有数码单反相机中，都有光圈优先曝光模式，配合上面的理论，通过调整光圈数值的大小，即可拍摄不同的对象或表现不同的主题。例如，大光圈主要用于人像摄影、微距摄影，通过背景虚化来有效地突出主体；小光圈主要用于风景摄影、建筑摄影、纪实摄影等，通过景深效果让画面上的所有景物都能清晰再现。

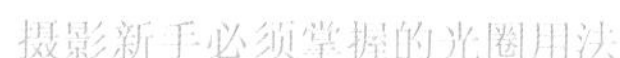

摄影新手必须掌握的光圈用法

【焦距：22 mm ┊ 光圈：f/11 ┊ 快门速度：1/160 s ┊ 感光度：ISO100】

➤ 为了得到较大的景深，所以使用了 f/11 的小光圈拍摄，在保证画面中的景物获得丰富层次的同时，也很好地避免了光圈过小对画面造成的不利影响

大光圈拍摄实例——用大光圈虚化背景

如果要突出人物主体，可以考虑采用虚化背景的方法。使用大光圈就可以实现完美的虚化效果。

实际上，使用大光圈虚化背景以突出主体人像的手法，是在画面中形成虚实对比效果最常用的手法。

注意，多数镜头最大光圈的成像质量比略小 1~2 挡光圈的成像质量低，因此要获得完美的画质，应该使用比最大光圈略小 1~2 挡的光圈进行拍摄。

➤ 使用大光圈拍摄人像时，如果要使人像的背景出现漂亮的弥散圆形，首先背景不能是纯色，其次光圈不可以太大，否则背景会被虚化成一块纯色

【焦距：135 mm ┆ 光圈：f/2.8 ┆ 快门速度：1/160 s ┆ 感光度：ISO200】

小光圈拍摄实例——表现太阳的光芒

为了表现太阳耀眼的效果，烘托画面的气氛，增加画面的感染力，可在镜头前加装星芒镜，达到星芒的效果，如果没有星芒镜可以缩小光圈进行拍摄，通常需要选择 f/16~f/32 的小光圈，较小的光圈可以使点光源出现漂亮的星芒效果。光圈越小，星芒效果越明显。如果采用大光圈，灯光会均匀分散开，无法拍出星芒效果。

➤ 拍摄夕阳时缩小光圈，可得到星芒状的太阳效果，光芒四射的太阳为画面增添了感染力

【焦距：100 mm ┆ 光圈：f/13 ┆ 快门速度：1/1 000 s ┆ 感光度：ISO100】

理解快门

认识快门

快门是相机上控制光线进入的一种装置，从技术形式上可分为机械快门、电子快门和程序快门3类；根据快门在相机上的安放位置和运动特点又可分为镜前快门、焦平面快门（幕帘快门）、中心快门和反光镜快门等，现在数码单反相机一般都采用幕帘快门。

快门与快门速度

快门的作用是控制曝光时间的长短，在按动快门按钮时，从快门前帘开始移动到后帘结束所用的时间就是快门速度，因此快门速度实际上是用于衡量曝光时间长短的，其单位为秒。

入门级及中端数码单反相机的快门速度通常在1/4 000 ~30 s，而佳能 EOS 5D MarkIII 相机的最高快门速度达到了1/8 000 s，已经可以满足几乎所有题材的拍摄要求。

常见的快门速度有30 s、15 s、8 s、4 s、2 s、1 s、1/2 s、1/4 s、1/8 s、1/15 s、1/30 s、1/60 s、1/125 s、1/250 s、1/500 s、1/1 000 s、1/2 000 s、1/4 000 s、1/8 000 s 等。

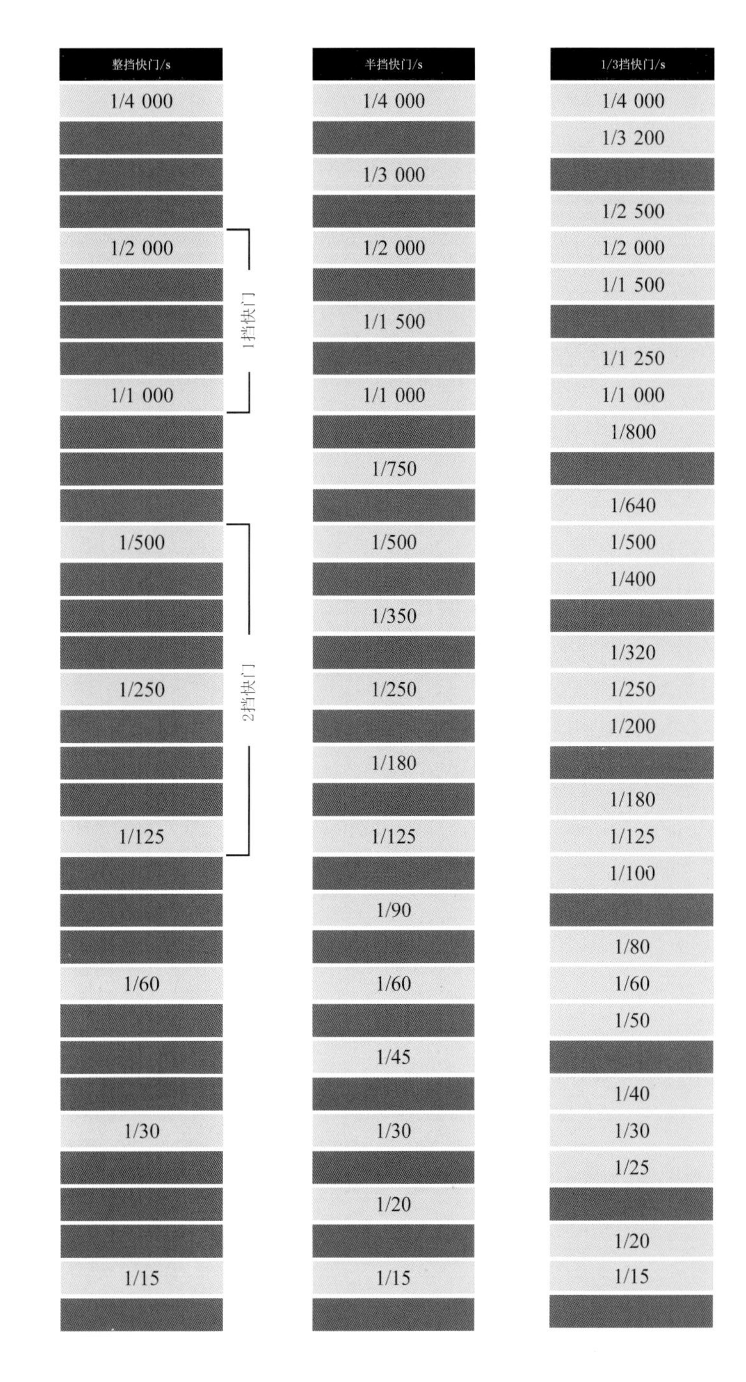

快门速度对画面效果的影响

快门速度不仅影响进光量，还会影响画面的动感效果。表现静止的景物时，快门的快慢对画面不会有什么影响，除非摄影师在拍摄时有意摆动镜头，但在表现动态的景物时，不同的快门速度就能够营造出不一样的画面效果。

右侧照片是在焦距、感光度都不变的情况下，分别将快门速度依次调慢所拍摄的。

对比这一组照片，可以看到当快门速度较快时，水流被定格成相对清晰的影像，但当快门速度逐渐降低时，流动的水流在画面中渐渐变为模糊的效果。

由此可见，如果希望在画面中凝固运动对象的精彩瞬间，应该使用高速快门。拍摄对象的运动速度越高，采用的快门速度也要越快，以在画面中凝固运动对象的动作，形成一种时间静止效果。

如果希望在画面中表现运动对象的动态模糊效果，可以使用低速快门，以使其在画面中形成动态模糊效果，较好地表现出动态效果，按此方法拍摄流水、夜间的车灯轨迹、风中摇摆的植物、流动的人群，均能够得到画面效果流畅、生动的照片。

【焦距：70 mm ┆ 光圈：f/2.8 ┆ 快门速度：1/80 s ┆ 感光度：ISO50】

【焦距：70 mm ┆ 光圈：f/9 ┆ 快门速度：1/8 s ┆ 感光度：ISO50】

【焦距：70 mm ┆ 光圈：f/14 ┆ 快门速度：1/3 s ┆ 感光度：ISO50】

【焦距：70 mm ┆ 光圈：f/18 ┆ 快门速度：0.8 s ┆ 感光度：ISO50】

【焦距：70 mm ┆ 光圈：f/20 ┆ 快门速度：1 s ┆ 感光度：ISO50】

【焦距：70 mm ┆ 光圈：f/22 ┆ 快门速度：1.3 s ┆ 感光度：ISO50】

快门速度与进光量的关系

快门的主要作用是控制相机的曝光量。在光圈不变的情况下，快门速度越慢，感光元件接受光线照射的时间越长，快门开启的时间越长，进入相机的光量越大，曝光量也越多；快门速度越快，感光元件接受光线照射的时间越短，快门开启的时间越短，进入相机的光量越少，曝光量也越少。在光圈不变的情况下，快门速度延长或缩减一半，相机的曝光量会相应地增加一倍或减少一半，例如，1/125 s 的曝光时间是 1/250 s 的 2 倍，使用 1/125 s 快门速度拍摄时相机的曝光量是使用 1/250 s 快门速度拍摄时相机的曝光量的 2 倍。

【焦距：50 mm ┆ 光圈：f/2.8 ┆ 快门速度：1/25 s ┆ 感光度：ISO100】

【焦距：50 mm ┆ 光圈：f/2.8 ┆ 快门速度：1/13 s ┆ 感光度：ISO100】

【焦距：50 mm ┆ 光圈：f/2.8 ┆ 快门速度：1/8 s ┆ 感光度：ISO100】

▲ 从照片中可以看出，使用 M 挡时，其他条件不变，快门时间变长，照片逐渐变亮

影响快门速度的3大要素——感光度、光圈与曝光补偿

影响快门速度的要素包括感光度、光圈及曝光补偿，它们对快门速度的影响如下。

要素	影响
感光度	感光度每增加1倍（如从ISO100增加到ISO200），感光元件对光线的敏锐度会随之增加1倍，同时，快门速度会随之提高1倍
光圈	光圈每提高1挡（如从f/2.8~f/4），快门速度可以提高1倍
曝光补偿	曝光补偿数值每增加1挡，由于需要更长时间的曝光来提亮照片，因此快门速度将降低一半；反之，曝光补偿数值每降低1挡，由于照片不需要更多的曝光，因此快门速度可以提高1倍

灵活使用安全快门

所谓安全快门，是指保证手持稳定拍摄时的快门速度，其大小与所使用镜头的焦距有关，即等于所使用镜头焦距的倒数。例如，如果在拍摄时使用镜头的 60 mm 焦距段，那么安全快门则为 1/60 s，只有使用 1/60 s 以上的快门速度拍摄，才能最大限度地避免由于手持相机产生震动而造成的画面模糊。

需要注意的是，对佳能 EOS 80D 这种佳能系列 APS-C 画幅的相机而言，由于焦距数值需要乘以换算系数 1.6，因此在计算安全快门速度时，切记乘以换算系数。对于 50 mm 标准镜头而言，在佳能 EOS 80D 上换算后的焦距为 80 mm，因此，其安全快门速度应为 1/80 s，而不是 1/50 s。

而对尼康 D7100 这种尼康系列 DX 画幅的相机而言，焦距数值则需要乘以换算系数 1.5。对于 50 mm 标准镜头而言，在尼康 D7200 上换算后的焦距为 75 mm，因此，其安全快门速度应为 1/80 s，而不是 1/50 s。

【焦距：200 mm ┆ 光圈：f/3.5 ┆ 快门速度：1/500 s ┆ 感光度：ISO100】

➤ 使用长焦镜头拍摄猴子时，使用了较高的快门速度，从而确保了画面的清晰

理解感光度

认识感光度

数码相机的感光度概念是从传统胶片感光度引入的，它是用各种感光度数值来表示感光元件对光线的敏感程度，用ISO表示，即在其他条件相同的情况下，感光度越高，获得光线的数量也就越多。

以佳能EOS 70D（APS-C画幅）/尼康D7200（DX画幅）为例的中端相机，在感光度的控制方面较为优秀。其感光度范围为ISO100~ISO6400，并可以向上扩展至H（相当于ISO12800，尼康D7200可扩展2 EV，相当于ISO102400）。在光线充足的情况下，使用ISO100或ISO200的设置即可。

以佳能EOS 5D Mark II（全画幅）和尼康D800（FX画幅）为例的高端相机，其感光度范围虽然也是ISO100~ISO6400，但向上可以扩展到ISO25600，向下可以扩展至ISO50。而且即使在弱光下使用ISO1600来拍摄，在画面上出现的噪点也仍然在可接受的范围内。至于佳能EOS 5D Mark III（全画幅），其常用的感光度范围就能够达到ISO 100~ISO 25600，向下可以扩展至ISO50，向上则可以扩展至ISO102400，且具有优秀的控噪能力，即使使用ISO8000在弱光下拍摄，也可以得到不错的画面。

由此不难看出，越是高端的相机，对于感光度的控制越优秀，能够使用的感光度数值越高，因此也就能够在各类弱光环境下使用。

【焦距：20 mm ┆ 光圈：f/9 ┆ 快门速度：5 s ┆ 感光度：ISO100】

在光线较弱的夜晚拍摄城市夜景时，使用了较高的感光度数值进行拍摄，由于使用的相机为高端数码相机，因而没有产生过多的噪点，画质依然十分细腻

感光度与曝光量

作为控制曝光的三大要素之一，在其他因素不变的情况下，感光度每增加 1 挡，感光元件对光线的敏锐度会随之增加 1 倍，即曝光量增加 1 倍；反之，感光度每减少 1 挡，曝光量即减少一半。

更直观地说，感光度的变化直接影响光圈或快门速度的设置，以 f/2.8、1/200 s、ISO400 的曝光组合为例，如果要改变快门速度并使光圈数值保持不变，可以提高或降低感光度。例如，要将快门速度提高 1 倍（变为 1/400 s），则可以将感光度提高 1 倍（变为 ISO800）；如果要改变光圈值而保证快门速度不变，同样可以通过设置感光度数值来完成，例如，要缩小 2 挡光圈（变为 f/5.6），则可以将感光度数值降低 2 挡（变为 ISO100）。

▲ 使用 ISO100 拍摄的效果

▲ 使用 ISO200 拍摄的效果

▲ 使用 ISO250 拍摄的效果

▲ 使用 ISO500 拍摄的效果

上面展示的一组照片是其他曝光因素不变的情况下，增大感光度数值的拍摄效果，可以看出由于感光元件的敏感度提高，在相同曝光时间内，使用高感光度拍摄时曝光更加充分，因此画面显得更明亮。

感光度与成像质量

感光度除了对曝光会产生影响外，对画质也有着极大的影响，即感光度越低，画质就越高；反之，感光度越高，就越容易产生噪点、杂色，画质就越低。

在条件允许的情况下，建议采用佳能相机基础感光度中的最低值，以在最大程度上保证得到较高的画质。

【焦距：60 mm ┆ 光圈：f/3.5 ┆ 快门速度：1/640 s ┆ 感光度：ISO100】

▲ 使用较低的感光度拍摄，画质纯净

【焦距：48 mm ┆ 光圈：f/8 ┆ 快门速度：3 s ┆ 感光度：ISO800】

▲ 使用较高的感光度拍摄，画面出现明显的噪点

感光度的设置原则

除去需要高速抓拍或不能给画面补光的特殊场合下，并且只能通过提高感光度来拍摄的情况外，否则不建议使用过高的感光度值。感光度除了会对曝光产生影响外，对画质也有极大的影响，这一点即使是全画幅相机也不例外。感光度越低，画质就越好；反之，感光度越高，就越容易产生噪点、杂色，画质就越差。

在条件允许的情况下，建议采用相机基础感光度中的最低值，一般为ISO100，这样可以最大限度保证得到较高的画质。

需要特别指出的是，在光线充足与不足的情况下分别拍摄时，即使设置相同的感光度，在光线不足时拍出的照片中也会产生更多的噪点，如果此时再使用较长的曝光时间，那么就更容易产生噪点。因此，在弱光环境中拍摄时，更需要设置低感光度，并配合高感光度降噪和长时间曝光降噪功能来获得较高的画质。

感光度设置	对画面的影响	补救措施
光线不足时设置低感光度值	会导致快门速度过低，在手持拍摄时容易因为手的抖动而导致画面模糊	无法补救
光线不足时设置高感光度值	会获得较高的快门速度，不容易造成画面模糊，但是画面噪点增多	可以用后期软件降噪

【焦距：85 mm ┆ 光圈：f/2.8 ┆ 快门速度：1/250 s ┆ 感光度：ISO160】

带三脚架太累？这样拍摄保证照片是清晰的

◀ 在拍摄这张逆光人像照片时，由于太阳照射的角度较高，所以使用较低的感光度不仅可以保证画面的曝光正常，而且也能获得细腻的画质

使用长时间曝光降噪功能去除噪点

长时间曝光降噪功能是由数码单反相机的硬件所决定的，曝光时间越长，则产生的噪点就越多，此时，可以启用长时间曝光降噪功能消减画面中产生的噪点，但要注意的是，这样会失去一些画面的细节。

在佳能相机中，此功能需要通过设置“长时间曝光降噪功能”菜单来实现，对所有 1 s 或更长时间的曝光都进行降噪。

- 关闭：在任何情况下都不执行长时间曝光降噪功能。
- 自动：当曝光时间超过1 s，且相机检测到噪点时，将自动执行降噪处理。此设置在大多数情况下有效。
- 启用：在曝光时间超过1 s时即进行降噪处理，此功能适用于选择“自动”选项时无法自动执行降噪处理的情况。

佳能相机

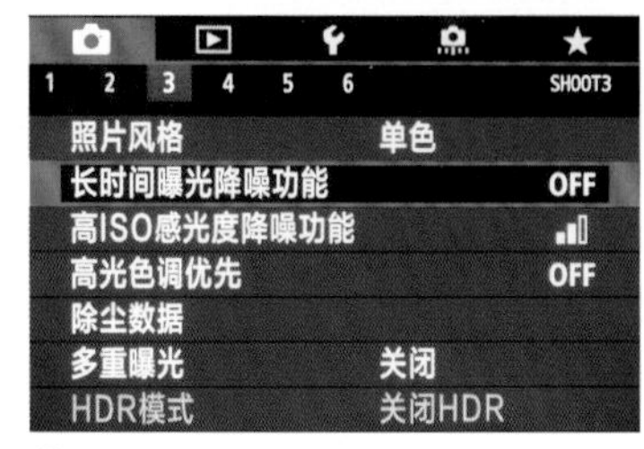

❶ 在拍摄菜单 3 中单击选择“长时间曝光降噪功能”选项

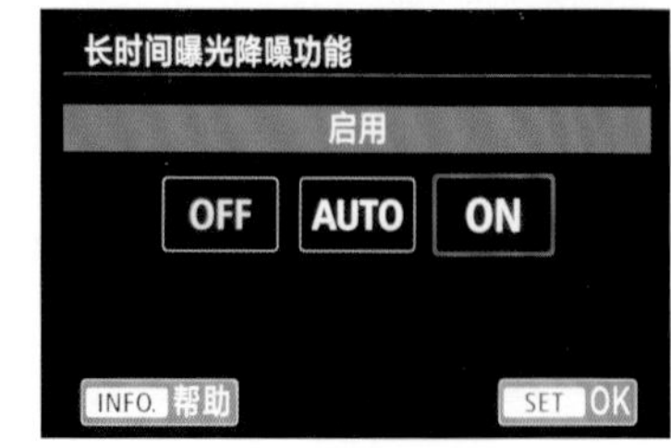

❷ 单击选择所需的选项，然后单击 SET 按钮确认

在尼康高端相机中，此功能可以通过“长时间曝光降噪”（在入门级相机中此菜单功能名为“降噪”）菜单来实现，用于对快门速度低于 8 s 时所拍摄的照片进行减少噪点处理。处理所需时间长度约等于当前快门速度。

需要注意的是，在处理过程中，取景器内的Job nr字样将会闪烁且无法拍摄照片（若处理完毕前关闭相机，则照片会被保存，但相机不进行降噪处理）。

在连拍模式下，帧速将变慢且内存缓冲区的容量将会下降，所以每秒所拍摄的照片幅数将减少。

尼康相机

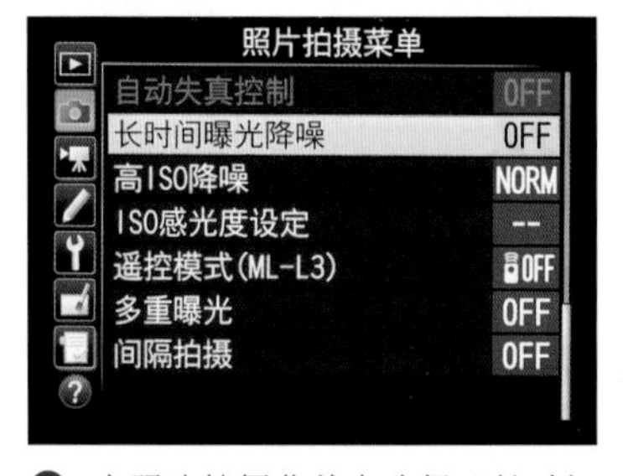

❶ 在照片拍摄菜单中选择“长时间曝光降噪”选项

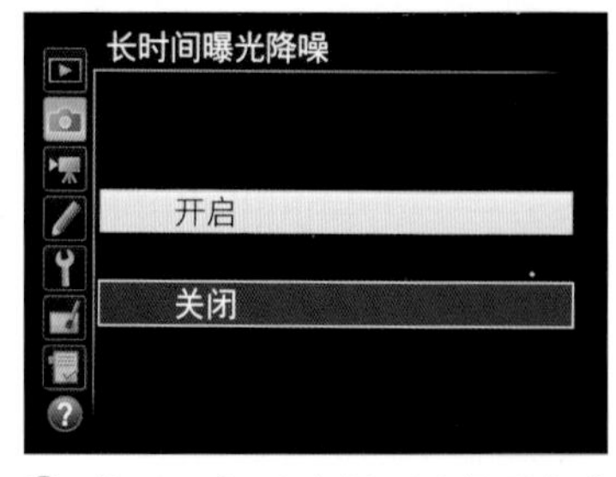

❷ 按下▲或▼方向键可选择开启或关闭选项

高手点拨

一般情况下，建议将其设置为“开启”，但是在某些条件下，如在恶劣的天气拍摄，电池供应会受到低温的限制，为了保持电池的电量，建议关闭该功能，因为相机的降噪过程和拍摄过程需要大致相同的时间。

使用高ISO感光度降噪功能去除噪点

除了长时间曝光会导致照片产生大量噪点外，拍摄时使用的感光度越高，会使照片产生越多的噪点，此时可以启用“高 ISO 感光度降噪功能”来减弱画面中的噪点，但要注意的是，这样也会失去一些画面的细节。

高手点拨

当将“高ISO感光度降噪功能”设置为“强”时，将大大降低相机连拍的速度。

佳能相机

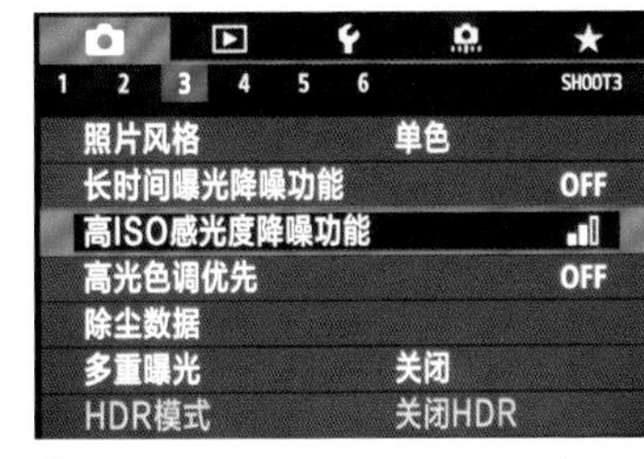

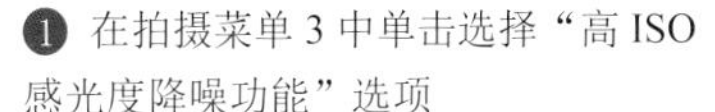
❶ 在拍摄菜单 3 中单击选择“高 ISO 感光度降噪功能”选项

❷ 单击选择不同的选项，然后单击 SET 按钮确认

在尼康高端相机中，此功能可以通过“高 ISO 降噪”（在入门级相机中此菜单功能名为“降噪”）菜单来实现，该菜单包含“高”、“标准”、“低”和“关闭”4 个选项。选择“高”“标准”“低”时，可以在任何时候减少噪点（不规则间距明亮像素、条纹或雾像）；选择“关闭”时，仅在 ISO1600 或以上时执行降噪，所执行的降噪量要少于将“高 ISO 降噪”设为“低”时所执行的量。

尼康相机

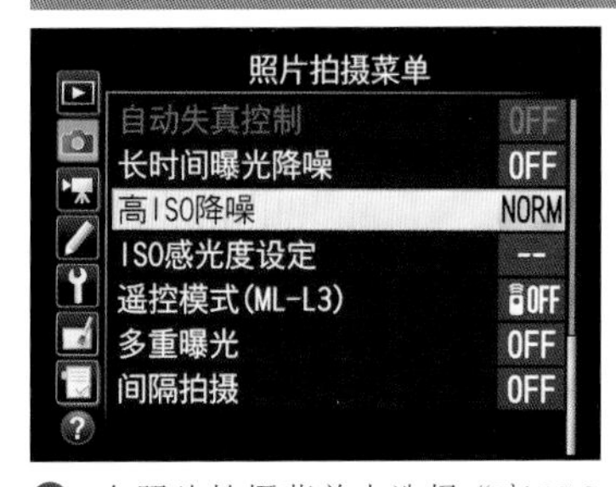

❶ 在照片拍摄菜单中选择“高 ISO 降噪”选项

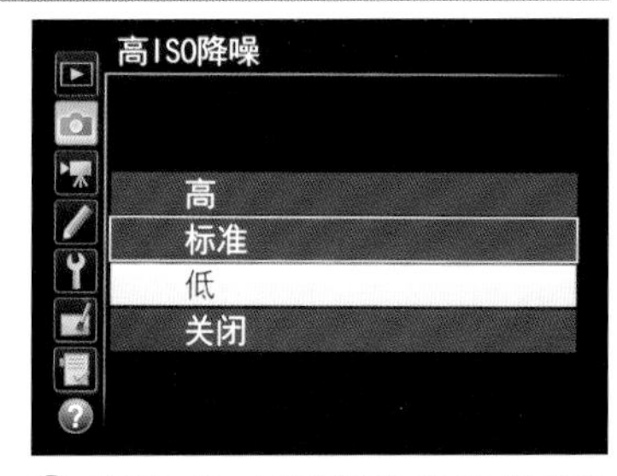

❷ 按下▲或▼方向键可选择不同的选项

高手点拨

对于喜欢采用RAW格式存储照片或喜欢连拍的用户，建议关闭该功能，尤其在将“高ISO降噪”开启为“高”时，将大大地影响相机的连拍速度；对于喜欢直接使用相机打印照片或采用JPEG格式存储照片的用户，建议选择“标准”或“低”。

景深

景深的基本概念

景深是指被摄景物前后的清晰范围。清晰范围大的叫作大景深，如大场景的风光类照片；清晰范围小的称为小景深，如背景虚化的人像类的照片。

利用景深原理，可以使用小景深将一些无关紧要的背景虚化掉，而使拍摄主体在画面中得到清晰、突出的表现；拍摄风光时，又可以用大景深使画面前后的景物都得以清晰再现。

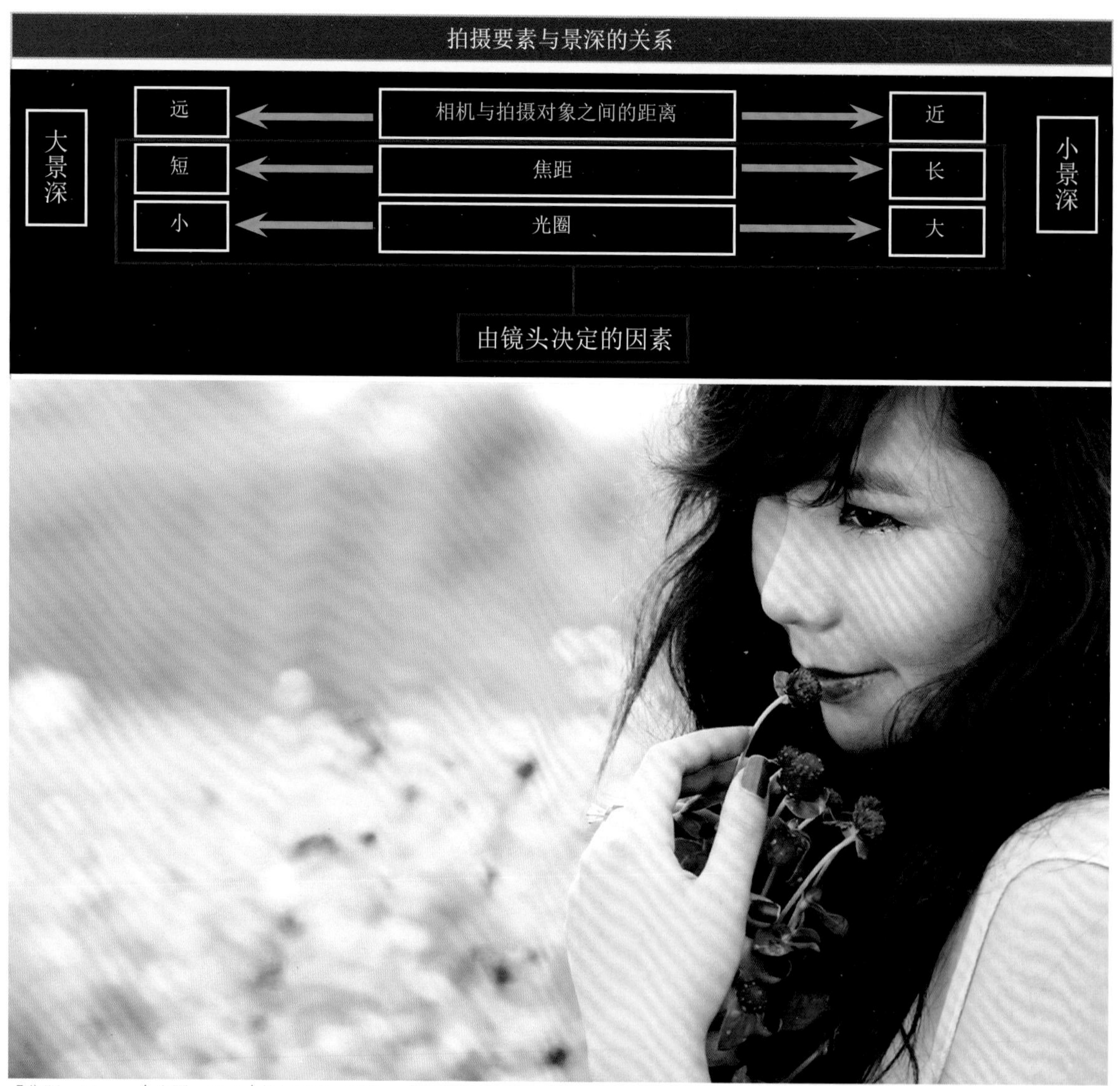

【焦距：50 mm ┆ 光圈：f/2.2 ┆ 快门速度：1/100 s ┆ 感光度：ISO100】

➤ 设置大光圈值将背景虚化，得到了小景深效果

小景深——虚化背景

通常小景深的画面效果可通过使用长焦镜头、较大光圈和进行近距离拍摄等方式来实现。由于小景深清晰范围较小，很轻易就能实现主体清楚而背景模糊的画面效果，而且景深越小，环境越模糊，比较适合拍摄人像、静物和微距等题材。

➤ 利用微距镜头得到小景深的画面，平时无法看仔细的昆虫在画面中很清晰

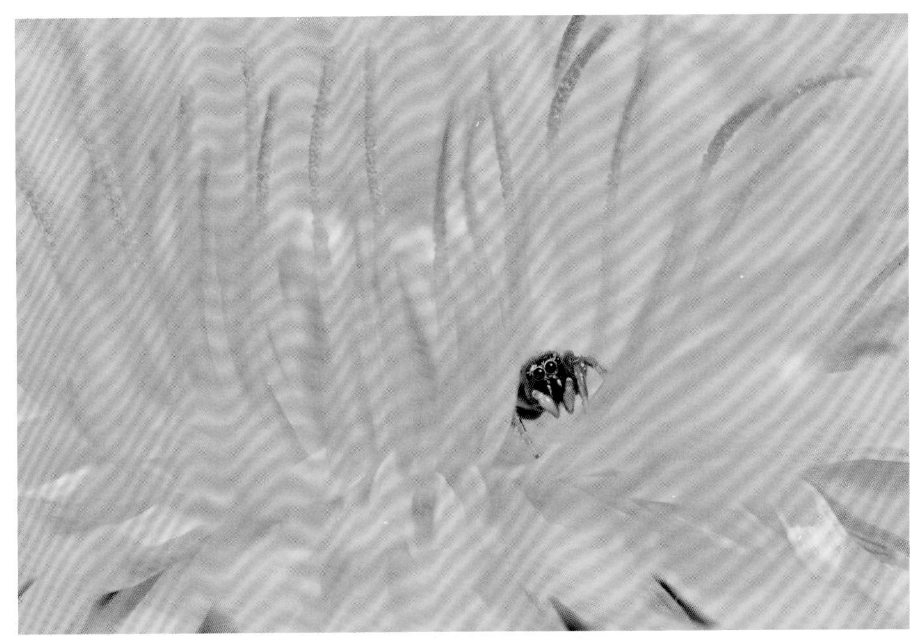

【焦距：105 mm ┆ 光圈：f/5 ┆ 快门速度：1/1 600 s ┆ 感光度：ISO400】

大景深——展现清晰大场景

通过使用广角镜头、较小的光圈和进行远距离拍摄可以实现大景深的拍摄效果。由于大景深有较大的清晰范围，画面中可纳入更多的景物，所以比较适合风光摄影、纪实摄影、建筑摄影和夜景摄影等。

➤ 利用广角镜头和小光圈得到的大景深画面，云彩的纳入不仅增添了画面的美感和气势，还渲染了画面气氛

【焦距：20 mm ┆ 光圈：f/14 ┆ 快门速度：1/25 s ┆ 感光度：ISO200】

影响景深的4大要素

光圈对景深的影响

光圈是控制景深（背景虚化程度）的重要因素。即在相机焦距不变的情况下，光圈越大，景深越小；反之，光圈越小，景深就越大。在拍摄时想通过控制景深来使自己的作品更有艺术效果，就要合理使用大光圈和小光圈。

在所有数码相机中，都有光圈优先曝光模式，配合上面的理论，通过调整光圈数值的大小，即可拍摄不同的对象或表现不同的主题。例如，大光圈主要用于人像摄影、微距摄影，通过虚化背景来突出主体；小光圈主要用于风景摄影、建筑摄影、纪实摄影等，以便使画面中的所有景物都能清晰呈现。

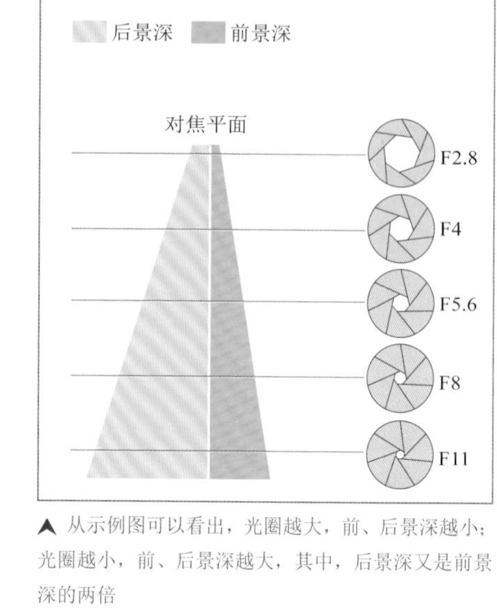

▲ 从示例图可以看出，光圈越大，前、后景深越小；光圈越小，前、后景深越大，其中，后景深又是前景深的两倍

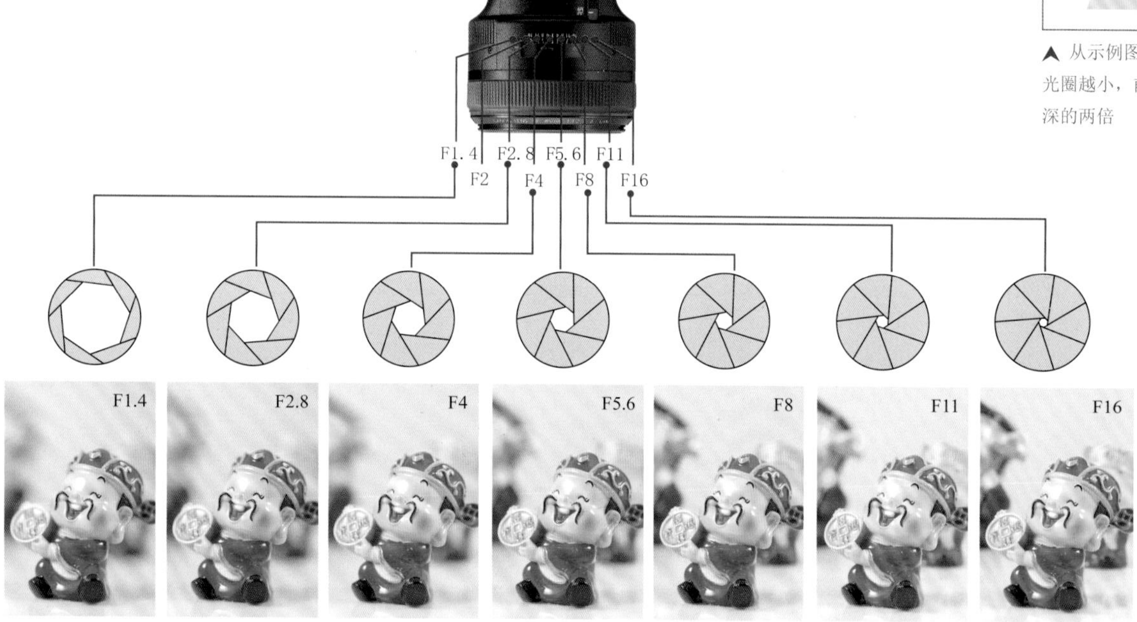

▲ 从示例图可以看出，当光圈从F1.4逐渐缩小到F16时，画面的景深逐渐变大，使用的光圈越小，画面背景处的玩偶就越清晰

焦距对景深的影响

细心的摄影初学者会发现，在使用广角端拍摄时，即使将光圈设置得很大，虚化效果也不明显，而使用长焦端拍摄时，同样的光圈值，虚化效果明显比广角端好。由此可知，当其他条件相同时，拍摄时所使用的焦距越长，画面的景深就越浅（小），即可以得到更明显的虚化效果；反之，焦距越短，则画面的景深就越深（大），越容易得到前后都清晰的画面效果。

➤ 对比这组使用不同的焦距拍摄的花卉照片可以看出，焦距越长则主体越清晰，画面的景深也越小

【焦距：70 mm ┆ 光圈：f/2.8 ┆ 快门速度：1/200 s ┆感光度：ISO100】

【焦距：90 mm ┆ 光圈：f/2.8 ┆ 快门速度：1/200 s ┆ 感光度：ISO100】

【焦距：135 mm ┆ 光圈：f/2.8 ┆ 快门速度：1/200 s ┆感光度：ISO100】

【焦距：200 mm ┆ 光圈：f/2.8 ┆ 快门速度：1/200 s ┆ 感光度：ISO100】

镜头与被摄对象的距离对景深的影响

在其他条件不变的情况下，拍摄者与被摄对象之间的距离越近，则越容易得到浅景深的虚化效果；反之，如果拍摄者与被摄对象之间的距离较远，则不容易得到虚化效果。

这点在使用微距镜头拍摄时体现得更为明显，当离被摄体很近的时候，画面中的清晰范围就变得非常浅。因此，在人像摄影中，为了获得较小的景深，经常采取靠近被摄者拍摄的方法。

下面为一组在所有拍摄参数都不变的情况下，只改变镜头与被摄对象之间距离时拍摄得到的照片。

➤ 通过右侧展示的这组照片可以看出，当镜头距离前景位置的蜻蜓越远时，其背景的模糊效果也越差；反之，镜头越靠近蜻蜓，则拍摄出来画面的背景虚化越明显

⮝ 镜头距离蜻蜓 100 cm

⮝ 镜头距离蜻蜓 80 cm

⮝ 镜头距离蜻蜓 70 cm

⮝ 镜头距离蜻蜓 40 cm

背景与被摄对象的距离对景深的影响

在其他条件不变的情况下，背景与被摄对象之间的距离越大，则画面的景深就会显得越小，即虚化的程度越强，反之则画面容易呈现大景深的效果。在拍摄时，可以通过变换角度的方式，尽可能拉大被摄对象与背景之间的距离，以获得更浅的景深。

▲ 玩偶距离背景 20 cm

▲ 玩偶距离背景 10 cm

▲ 玩偶距离背景 5 cm

▲ 玩偶距离背景 0 cm

上图所示为在所有拍摄参数都不变的情况下，只改变被摄对象与背景的距离拍出的照片。通过这一组照片可以看出，在镜头位置不变的情况下，玩偶距离背景越近，则其背景的虚化效果就越差。

Chapter 06 高级曝光模式的应用场景

程序自动曝光模式（P）

在程序自动曝光模式下，相机基于一套算法来确定光圈与快门速度组合的数值。通常情况下，相机会自动选择一种适合手持相机拍摄并且不受相机抖动影响的快门速度，同时还会调整光圈，以得到比较合适的景深，确保所有景物都清晰对焦。

如果使用的是 EF 镜头，相机会自动获知镜头的焦距和光圈范围，并据此信息确定最优曝光组合。在此模式下，摄影师仍然可以设置感光度、白平衡、曝光补偿等参数。此模式最大的优点是操作简单、快捷，适合于拍摄快照或拍摄那些不用十分注重曝光控制的场景，如新闻、纪实、偷拍、自拍等。

相机自动选择的曝光组合未必是最佳组合，例如，摄影师可能认为按此快门速度手持拍摄不够稳定，或者希望用更大的光圈。此时，可以利用程序偏移功能来调整。

在程序自动曝光模式下，半按快门按钮，然后转动主拨盘（或主指令拨盘）直到显示所需的快门速度或光圈值，虽然光圈与快门速度的数值发生了变化，但这些数值组合在一起，仍然能够保持同样的曝光量，因此如果不考虑其他因素，使用这些不同曝光组合拍摄出来的照片具有相同的曝光效果。

【焦距：200 mm ┆ 光圈：f/3.5 ┆ 快门速度：1/500 s ┆ 感光度：ISO100】

使用程序自动曝光模式可方便地进行抓拍

设置方法

佳能相机的P模式设置方法：将模式转盘转 至程序自动曝光模式，直接转动主拨盘 ，可选择快门速度和光圈的不同组合

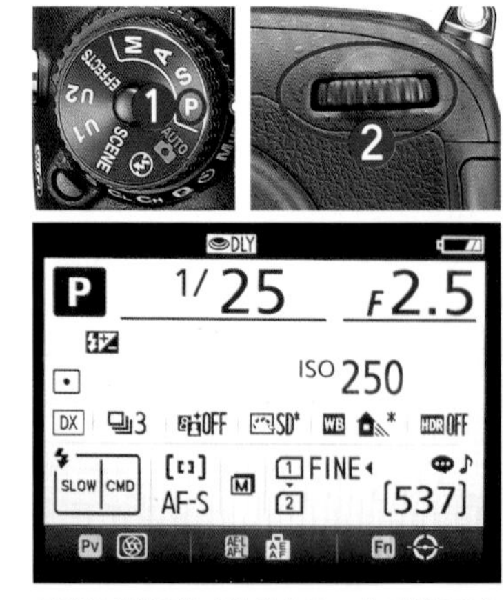

尼康相机的P模式设置方法：在P挡程序自动曝光模式下，曝光测光开启时，通过旋转主指令拨盘可选择快门速度和光圈的不同组合

快门优先曝光模式（佳能Tv/尼康S）

快门优先曝光模式是为优先实现快门效果而设计的曝光模式，又称为S/Tv挡曝光模式，在此模式下，用户可以从1/8 000～30 s选择所需快门速度，然后相机会自动计算光圈的大小，以获得正确的曝光组合。

在需要优先考虑快门速度的情况下，应该使用此曝光模式，从而先设置快门速度，让相机根据此给定的快门速度自动估算若要得到正确曝光所需要的光圈数值。

在拍摄需要优先考虑快门速度的题材，如体育赛场、赛车、飞翔的鸟、跑动的儿童、滴落的水滴时应该使用此曝光模式。

【焦距：20 mm ┆ 光圈：f/9 ┆ 快门速度：11 s ┆ 感光度：ISO100】

▲ 通过长时间曝光将流动的海面虚化成水雾一般，从而获得很梦幻的画面效果

【焦距：200mm ┆ 光圈：f/5 ┆ 快门速度：1/2 500 s ┆ 感光度：ISO800】

▲ 快门优先模式适合抓拍鸟儿挥舞翅膀的生动画面

设置方法

佳能相机的Tv模式设置方法：将模式转盘设为快门优先曝光模式，直接调节主拨盘，可调整快门速度数值

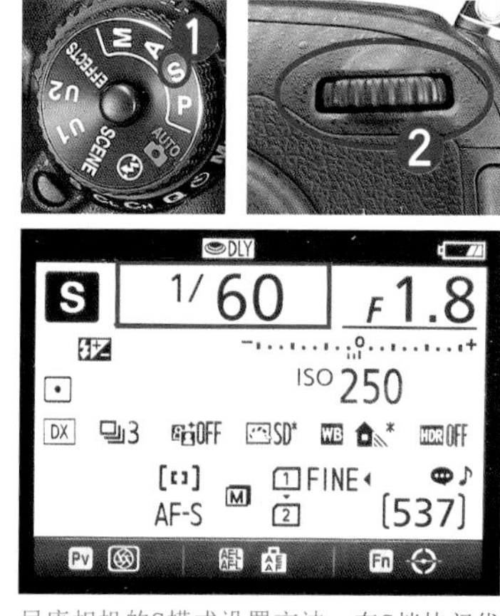

尼康相机的S模式设置方法：在S挡快门优先曝光模式下，可通过旋转主指令拨盘调整快门速度值

光圈优先曝光模式（佳能Av/尼康A）

光圈优先曝光模式是为优先实现光圈效果而设计的曝光模式，又称为Av/A挡曝光模式，在此模式下，由摄影师选择光圈，而相机会自动选择能产生最佳曝光效果的快门速度。

光圈的大小，直接影响景深的大小，一般来说，在相同的拍摄距离下，光圈与景深成反比，光圈越大，景深越小，纳入的环境因素越少，背景的虚化效果越明显，主体越突出；反之，光圈越小，景深越大，背景的清晰度越高，纳入的环境因素也越多。

此模式非常适合拍摄人像、静物、风景等对景深要求较高的被摄对象。

高手点拨

当光圈过大而导致快门速度超出了相机极限时，如果仍然希望保持该光圈，可以尝试降低感光度的数值，或者使用中灰滤镜降低光线的进入量，从而保证曝光准确。

【焦距：90 mm ┆ 光圈：f/11 ┆ 快门速度：1/200 s ┆ 感光度：ISO100】

◀ 在光圈优先曝光模式下，为保证画面有足够大的景深，而使用小光圈拍摄的风光效果

设置方法

佳能相机的Av模式设置方法：将模式转盘设为光圈优先曝光模式，可以转动主拨盘调节光圈数值

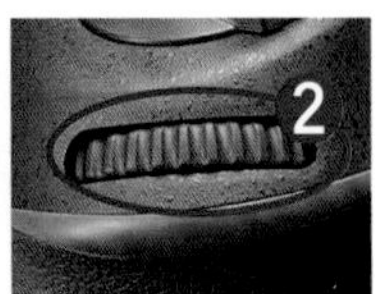

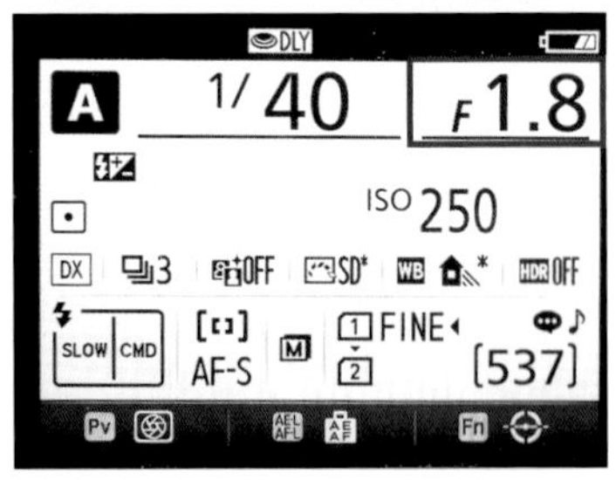

尼康相机的A模式设置方法：在A挡光圈优先曝光模式下，可通过旋转副指令拨盘调整光圈值

全手动曝光模式（M）

在全手动曝光模式下，所有拍摄参数都由摄影师手动进行设置，使用 M 挡全手动模式有以下优点。

首先，使用 M 挡全手动模式拍摄时，当摄影师设置好恰当的光圈、快门速度数值后，即使移动镜头进行再次构图，光圈与快门速度数值也不会发生变化。

其次，在其他曝光模式下拍摄时，往往需要根据场景的亮度，在测光后进行曝光补偿的操作；而在 M 挡全手动模式下，由于光圈与快门速度值都是由摄影师来设定的，因此在设定这些值的同时就可以将曝光补偿考虑在内，从而省略了曝光补偿的设置操作过程。这样在全手动曝光模式下，摄影师可以按自己的想法让影像曝光不足，以使照片显得较暗，给人忧伤的感觉；或者让影像稍微过曝，拍摄出明快的高调照片。

另外，当在摄影棚拍摄并使用了频闪灯或外置的非专用闪光灯时，由于无法使用相机的测光系统，而需要使用闪光灯测光表或通过手动计算来确定正确的曝光值，此时就需要手动设置光圈和快门速度，从而实现正确的曝光。

使用佳能低端入门相机设置 M 模式时，转动主拨盘可以调节快门速度值，按住Av按钮的同时旋转主拨盘可以调节光圈值。

【焦距：35 mm ┊ 光圈：f/7.1 ┊ 快门速度：1/400 s ┊ 感光度：ISO200】

▲ 影楼中的人像摄影较常使用全手动模式，根据拍摄光线的不同，调整光圈、快门速度及感光度等参数

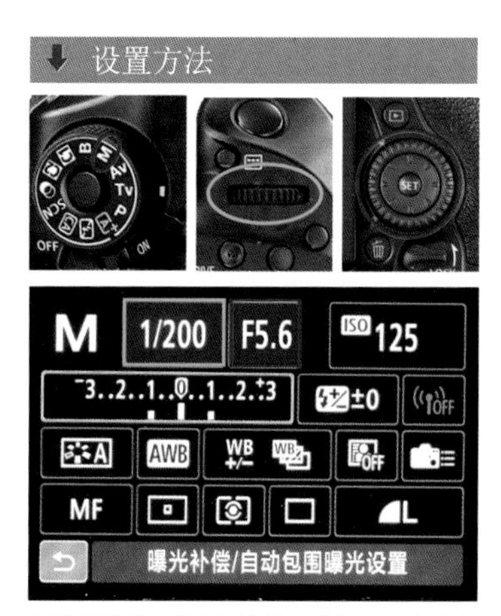

佳能相机的M挡设置方法：将模式转盘设为手动曝光模式，转动主拨盘可调整快门速度数值；转动速控转盘调节光圈数值

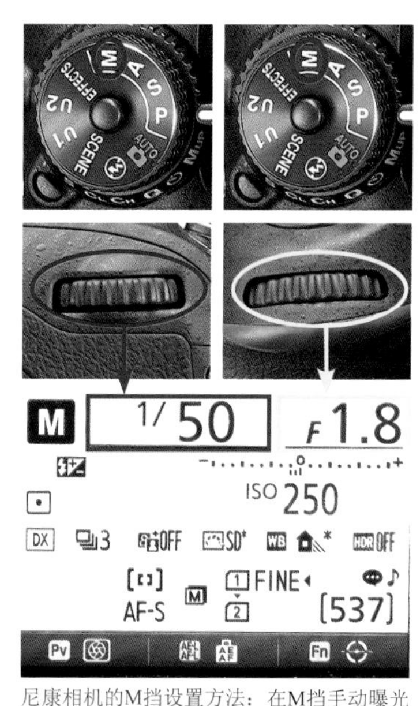

尼康相机的M挡设置方法：在M挡手动曝光模式下，旋转主指令拨盘可调整快门速度值；旋转副指令拨盘可调整光圈值

B门模式

由于夜间的光线非常微弱，通常都要使用较慢的快门速度，这样即使在弱光环境下也能实现充分曝光。数码单反相机的最低快门速度是 30 s，只要把拍摄模式设为 S 挡（Tv 挡）光圈优先曝光模式或 M 挡全手动曝光模式，就可以自由地设置快门速度。在通常情况下，30 s 的慢速快门可以满足夜景摄影。

使用佳能低端入门相机设置 B 门模式时，要在快门速度降到 30 s 后，继续向左旋转指令拨盘可切换至 B 门，此时屏幕中显示为 bulb。使用佳能中高端相机设置 B 门模式时，直接旋转模式转盘，即可选择 B 门曝光模式。设置为 B 门后，持续地完全按下快门按钮时快门保持打开，松开快门按钮时快门关闭。

而尼康相机设置 B 门模式都一样，只需在 M 模式下将快门速度降至 Bulb 即可。

在拍摄时，一定要使用三脚架来保持相机的稳定。而使用 B 门拍摄，需使用快门线来按动快门，因为在按住快门或释放的时候，轻微的抖动都会造成成像模糊。

光绘摄影最细攻略

【焦距：20 mm ┆ 光圈：f/11 ┆ 快门速度：2 453 s ┆ 感光度：ISO800】

▲ 利用 B 门模式长时间曝光拍摄晴朗的天空，能够得到漂亮的星轨效果，如此壮观的景象只有在 B 门模式下才能拍摄到

设置方法

佳能 EOS 800D的B门模式设置方法：在M挡全手动曝光模式下，向左旋转主拨盘将快门速度设定为BULB，即可切换至B门模式

佳能 EOS 80D的B门模式设置方法：按下模式转盘解锁按钮，并同时转动模式转盘至B即可

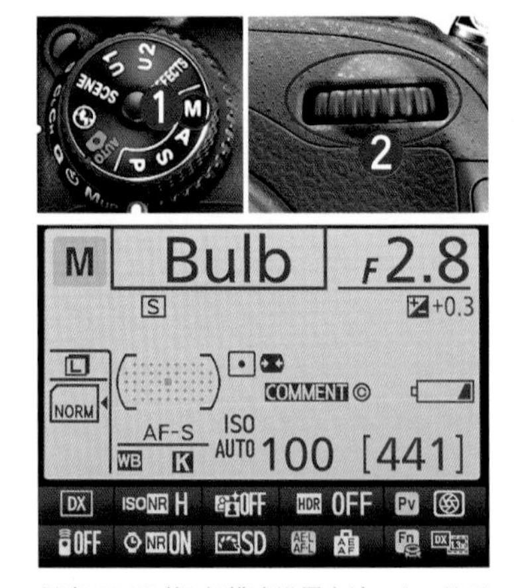

尼康 D7100的B门模式设置方法：在M挡手动曝光模式下，通过旋转主指令拨盘将快门速度降至Bulb，即可切换至B门曝光模式

高级曝光模式的提示信息

曝光不足的提示信息

选择快门优先曝光模式时，如果最大光圈值闪烁，表示曝光不足，需要转动主拨盘设置较低的快门速度，直到光圈值停止闪烁，也可以设置一个较高的感光度。

选择程序自动曝光模式时，如果快门速度“30"”和最大光圈闪烁，表示曝光不足，此时可以提高感光度或使用闪光灯。

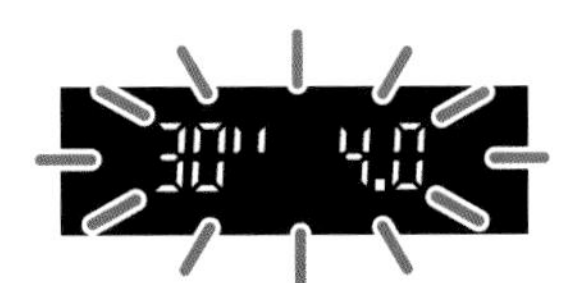

【焦距：35 mm ┆ 光圈：f/9 ┆ 快门速度：1/100 s ┆ 感光度：ISO800】

▲ 如果在曝光不足的情况下拍摄，照片会明显发暗

曝光过度的提示信息

选择快门优先曝光模式时，如果最小光圈闪烁，表示曝光过度，需要转动主拨盘设置较高的快门速度，直到光圈值停止闪烁，也可以设置一个较低的感光度。

选择程序自动曝光模式时，如果快门速度和最小光圈闪烁，表示曝光过度，此时可以降低感光度或使用中灰（ND）滤镜，以减少进入镜头的光量。

【焦距：35 mm ┆ 光圈：f/6.3 ┆ 快门速度：1/50 s ┆ 感光度：ISO1250】

▲ 如果在曝光过度的情况下拍摄，照片会明显发亮

根据曝光标尺游标位置确定曝光量

选择手动曝光模式时，半按快门按钮，在取景器中将显示曝光设置，当游标位置向标尺左侧偏移时，表示曝光不足；当游标位置向标尺右侧偏移时，表示曝光过度。

▲ 曝光标尺的游标位置

Chapter 07

正确测光与对焦是成功拍摄的前提

理解18%灰测光原理

数码单反相机的测光是依靠场景物体的平均反光率来确定的，除了反光率比较高的场景如雪景、云景，以及反光率比较低的场景如煤矿、夜景，其他大部分场景的平均反光率在18%左右，而这一数值正是中性灰色的反光率，因此可以简单地将测光理解为，当采用的曝光数值能够正确曝光，拍摄场景中反光率为18%的中性灰色物体时，测光就是正确的。

因此，可以从一定程度上说，数码单反相机是以18%的中性灰的反光率，来确定所拍摄的场景的曝光组合的。如果拍摄场景的反光率平均值恰好是18%，则可以得到光影丰富、明暗正确的照片，反之则需要人为地调整曝光补偿来补偿相机的测光失误。

这种情况通常在拍摄较暗的场景（如日落）及较亮的场景（如雪景）时发生。如果要验证这一点，可以采取下面所讲述的简单方法。

对着一张白纸测光，然后按相机自动测光所给出的光圈快门组合直接拍摄，则得到的照片中白纸看上去更像是灰纸，这是由于照片欠曝造成的。因此，拍摄反光率大于18%的场景，如雪景、雾景、云景或有较大白色物体的场景时，需要增加EV曝光补偿值。

而对着一张黑纸测光，然后按相机自动测光所给出的光圈快门组合直接拍摄，则得到的照片中黑纸好像是一张灰纸，这是由于照片过曝造成的。因此，如果拍摄的场景的反光率低于18%，需要减少曝光，即做负向曝光补偿。

了解18%中性灰的测光原理有助于摄影师在拍摄时更灵活地测光，通常水泥墙壁、灰色的水泥地面、人的手背等物体的反光率都接近18%，因此在拍摄光线复杂的场景时，可以在环境中寻找反光率为18%左右的物体进行测光，这样拍摄出来的照片基本上曝光就是正确的。

为什么有些摄影师只用一种测光模式就能横行？

【焦距：85 mm ┆ 光圈：f/4 ┆ 快门速度：1/500 s ┆ 感光度：ISO100】

▲ 通过对画面中人物手背即接近18%中性灰的部分进行测光，得到准确的曝光参数，使画面中亮部、暗部都有较好的细节表现

4种测光模式

评价测光/矩阵测光

这种测光模式是最常用的测光模式，在全自动模式和所有的场景模式下，相机都默认采用这种测光模式。在该模式下，相机将测量取景画面全部景物的平均亮度值，并以此作为曝光量的依据。在主体和背景光线反差不大时，使用这种测光模式一般可以获得准确曝光，在拍摄日常及风光题材的照片时经常使用。

佳能相机称为“评价测光”，尼康相机称为“矩阵测光”。

【焦距：55 mm ┆ 光圈：f/10 ┆ 快门速度：1/180 s ┆ 感光度：ISO100】

▲ 拍摄此类光照均匀的风光照片，使用矩阵测光 / 评价测光可以获得准确的曝光

▲ 评价测光模式示意图

局部测光

局部测光是佳能相机特有的测光模式，测光原理与点测光模式类似，但其测光区域约占画面比例的6.2%，测光区域介于点测光与中央重点平均测光之间。通常当主体占据画面的位置较小，又希望获得准确的曝光时，可以尝试使用该测光模式。

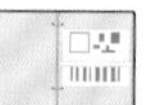

相机测光是怎么回事？

【焦距：100 mm ┆ 光圈：f/5 ┆ 快门速度：1/5 000 s ┆ 感光度：ISO250】

▲ 使用局部测光模式，以较小的区域作为测光范围，从而获得精确的测光结果

▲ 局部测光模式示意图

中央重点平均测光/中央重点测光

这种测光模式适合于在明暗反差较大的环境下进行测光，或者拍摄时要重点考虑画面中间位置被拍摄对象的曝光情况时使用，此时相机是以画面的中央区域(约占整个画面的70%)作为最重要的测光参考，同时兼顾其他区域的测光数据。

这种测光模式能对画面中央区域的对象进行精准曝光，又能保留部分背景的细节，因此这种测光模式适合于拍摄主体位于画面中央主要位置的场景，在人像摄影、微距摄影等题材中经常使用。佳能相机称为“中央重点平均测光” [ ]，尼康相机称为“中央重点测光” (•)。

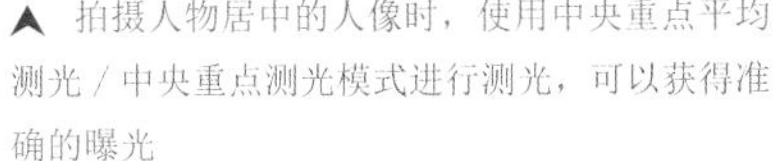

【焦距：45 mm ┆ 光圈：f/6.3 ┆ 快门速度：1/400 s ┆ 感光度：ISO200】

▲ 拍摄人物居中的人像时，使用中央重点平均测光 / 中央重点测光模式进行测光，可以获得准确的曝光

▲ 中央重点平均测光模式示意图

点测光

当画面背景和主体明暗反差特别大时，比较适合使用点测光模式，如拍摄日出、日落的画面时就经常使用点测光模式进行测光。

使用点测光模式时，由于相机只会对画面中央区域进行测光，而该区域只占整个画面的3%~8%（不同相机的百分比也不相同），因此具有相当高的精准性。

注意，如果选择的测光位置稍有不准确，就会出现曝光失误。此外，由于它只是对中央较小部分进行区域测光，所以，拍摄出来的画面中暗的地方可能更暗，亮的地方可能更亮，也正因如此，在实战拍摄时，此测光模式通常被用于拍摄剪影画面。

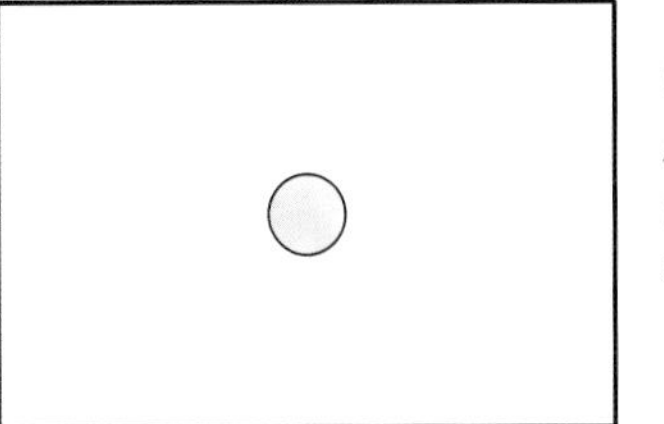

【焦距：200 mm ┆ 光圈：f/16 ┆ 快门速度：1/1 000 s ┆ 感光度：ISO100】

▲ 拍摄光比较大的画面时，使用点测光能够将太阳很好地展现出来，对于人物的剪影效果也表现得十分突出

▲ 点测光模式示意图

3种自动对焦模式

采用自动对焦模式时，相机的对焦系统能自动根据所获得的距离信息来驱动镜头调整焦距，实现准确对焦。自动对焦又可分为单次自动对焦、连续自动对焦和人工智能自动对焦。拍摄时，应该根据不同的拍摄场合来选择不同的自动对焦模式。

单次自动对焦/单次伺服自动对焦

此对焦模式适合被摄物体处于静止状态下使用。单次对焦在合焦后就会停止自动对焦，这种对焦方式具有较高的准确性，是运用最广泛的自动对焦模式，如果拍摄的是移动幅度很小的人像也可以使用这种对焦模式。佳能相机称为“单次自动对焦”，又表示为“ONE SHOT”，尼康相机称为“单次伺服自动对焦”，又表示为“AF-S”。

设置方法

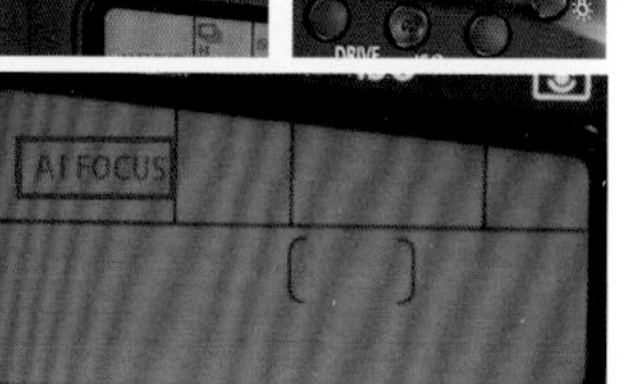

佳能相机的自动对焦设置方法：将镜头上的对焦模式开关设置于AF挡，按下机身上的AF按钮并转动主拨盘，可以在3种自动对焦模式间切换

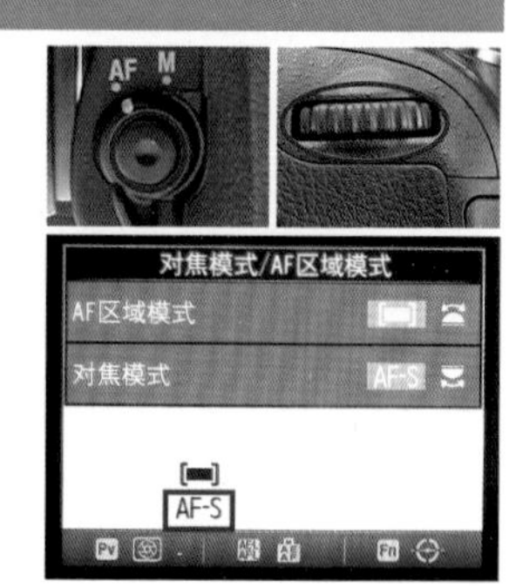

尼康相机的自动对焦设置方法：按下**AF**按钮，然后转动主指令拨盘，可以在3种自动对焦模式间切换

值得学习的自动对焦知识

【焦距：18 mm ┆ 光圈：f/11 ┆ 快门速度：1/250 s ┆ 感光度：ISO200】

【焦距：65 mm ┆ 光圈：f/5.6 ┆ 快门速度：1/250 s ┆ 感光度：ISO100】

▲ 使用单次自动对焦拍摄静止的景物时，不仅对焦速度快而且具有较高的准确性，能够使主体清晰地呈现出来

人工智能自动对焦 /自动伺服自动对焦

如果选择此对焦模式，在半按快门合焦后，保持半按状态，相机会在对焦点中自动切换以保持对运动拍摄对象的准确合焦状态。如果在过程中发生变化，相机会自动做出调整。

这样的对焦模式非常适合拍摄运动、奔跑中的动物、飞鸟等题材。

佳能相机称为“人工智能自动对焦”，又表示为“AI FOCUS”，尼康相机称为“自动伺服自动对焦”，又表示为“AF-A”。

人工智能伺服自动对焦/连续伺服自动对焦

这种对焦模式适用于无法确定被摄对象是静止或运动状态的情况。此时相机会自动根据被摄对象是否运动来选择单次自动对焦还是人工智能伺服自动对焦模式（AI SERVO），非常适合拍摄昆虫、鸟、儿童等。佳能相机称为“人工智能伺服自动对焦”，又表示为“AI SERVO”，尼康相机称为“连续伺服自动对焦”，表示为“AF-C”。

例如，在动物摄影中，如果所拍摄的动物暂时处于静止状态，但有突然运动的可能性，此时应该使用该对焦模式，以保证能够将拍摄对象清晰地捕捉下来。在人像摄影中，如果模特不是处于摆拍的状态，随时有可能从静止变为运动状态，也可以使用这种对焦模式。

根据拍摄题材选用对焦模式的技巧

【焦距：200 mm ¦ 光圈：f/3.5 ¦ 快门速度：1/800 s ¦ 感光度：ISO400】

▲ 蜻蜓的运动速度很快，而且在花朵上停留的时间很短，所以使用“自动伺服自动对焦”模式拍摄，蜻蜓得到了清晰的表现，画面给人一种非常清新的感觉

什么时候手动对焦比自动对焦好？

【焦距：300 mm ¦ 光圈：f/8 ¦ 快门速度：1/1 600 s ¦ 感光度：ISO200】

▲ 使用连拍模式配合“连续伺服自动对焦”的方法，拍摄到水鸟展翅离开水面的精彩瞬间

手动对焦模式

手动对焦的应用场景

当自动对焦无法满足需要时（如画面主体处于杂乱的环境中；画面属于高对比，以及低反差的画面；或者在夜晚进行拍摄的情况下），可以使用手动对焦功能。但根据各人的拍摄经验不同，成功率也有极大的差别。

在使用时，首先需要在镜头上将对焦方式从默认的AF自动对焦切换至MF手动对焦，然后拧动对焦环，直至在取景器中观察到的影像非常清晰为止，即可按下快门进行拍摄了。这种对焦方式在微距摄影中也是十分常用的。

设置方法

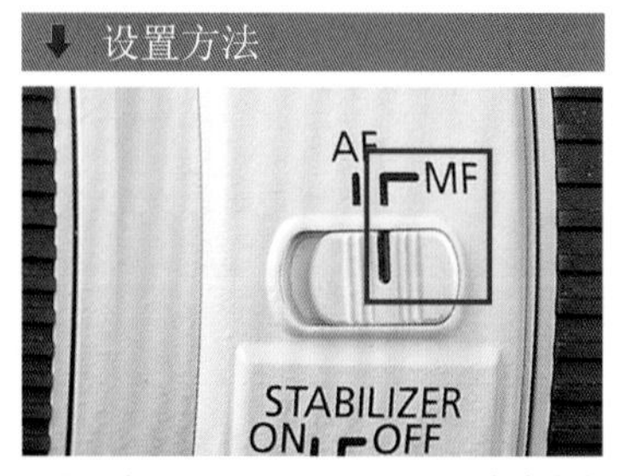

佳能相机的手动对焦设置方法：将镜头上的对焦模式切换器设为MF，即可切换至手动对焦模式

手动对焦的操作要领

变焦镜头的前端都有两个能旋转的环，平常用的是变焦环，可调整焦距，以改变主体在画面上所占的面积大小；另一个环则是手动对焦时用的对焦环，转动对焦环可使需要表现的主体变得清晰，以完成合焦。

镜头上通常有AF和M标记，并且标有一些数值。AF表示以英尺为单位，M表示以米为单位，这里的数值表示当前的对焦位置与相机之间焦平面的距离。通过这些数值可以看出，将对焦环顺时针转动，对焦位置离相机越来越远，转动到底部达到无穷远∞；将对焦环逆时针转动，对焦位置离相机越来越近，转动到底部达到镜头的最近对焦距离。

因此，在手动对焦时，先目测被摄主体与相机之间的距离，通过对焦环上标明的数值快速转动到大致位置，然后再通过取景器观察被摄主体，并调整对焦环，直到被摄主体完全清晰，完成手动对焦。

尼康相机的手动对焦设置方法：在机身上将AF按钮扳动至M位置上，即可切换至手动对焦模式

弱光下的对焦操作技巧

在黄昏、夜晚等弱光环境下，由于拍摄场景的反差低，数码相机的对焦系统难以正常工作，往往会出现对焦困难的现象，并且还会随着数码单反相机档次的降低而更常出现。拍摄时可以尝试以被摄主体与周围环境反差较大的区域，或者另一个与被摄主体距离相同的高反差物体为焦点，进行对焦操作。在弱光环境下，数码单反相机的“十”字形对焦点往往更容易完成对焦，在正确对焦后不要松开快门，重新构图，然后完成拍摄。

此外，借助自动对焦辅助灯，使辅助光线照射到被摄主体上，也能使相机的对焦系统完成对焦。当相机没有配备自动对焦辅助灯时，则需要借助机顶外接闪光灯实现辅助对焦。很多机顶外接闪光灯都配备有红外线的自动对焦辅助灯，会在相机进行对焦操作时发射红外线，照射在

7个弱光环境下能够准确对焦的小建议

【焦距：35 mm ┆ 光圈：f/9 ┆ 快门速度：5 s ┆ 感光度：ISO500】

▲ 在晚上光线较弱的情况下拍摄城市建筑，可借助灯光来辅助对焦，以确保拍摄成功

Chapter 08 必须掌握的高级曝光技巧

查看柱状图，辨别照片影调是否正确

什么是柱状图

柱状图（佳能相机称为“柱状图”，尼康相机称为“直方图”）是相机曝光所捕获的影像色彩或影调的图示，是一种反映影像曝光情况的指示图。

柱状图的作用

通过查看柱状图所呈现的效果，可以帮助拍摄者判断曝光的质量，以此做出相应调整，从而得到最佳曝光。另外，在实时取景下拍摄时，通过使用柱状图可以检测所拍摄场景的成像效果，给拍摄者重要的图像曝光信息。

很多摄影爱好者都会陷入这样一个误区，液晶显示屏（控制面板）上的影像很棒，便以为真正的曝光也会不错。但事实并非如此。由于很多相机的显示屏还处于出厂默认状态，显示屏的对比度和亮度都比较高，令摄影师误以为拍摄到的影像很漂亮，倘若不看柱状图，往往会感觉图片曝光正合适，但在计算机屏幕上观看时，却发现拍摄时感觉还不错的图片，暗部层次却丢失了，即使使用后期处理软件挽回部分细节，照片效果也不是太好。

因此在拍摄时要用好相机中的柱状图，这是唯一值得信赖的判断曝光是否正确的依据。

有技术没艺术？来看看是哪里出了问题！

【焦距：85 mm ┆ 光圈：f/2 ┆ 快门速度：1/400 s ┆ 感光度：ISO125】

➤ 拍摄偏高调的照片时，利用柱状图能够准确判断画面是否过曝

怎么看柱状图

柱状图的横轴表示亮度等级（从左至右分别对应黑与白），纵轴表示图像中各种亮度像素数量的多少，峰值越高则表示这个亮度的像素数量就越多。所以，拍摄者可通过观看柱状图的显示状态来判断照片的曝光情况，若出现曝光不足或曝光过度，调整曝光参数后再进行拍摄，即可获得一张曝光准确的照片。

当曝光过度时，照片上会出现死白的区域，画面中的很多细节都丢失了，反映在柱状图上就是像素主要集中于横轴的右端（最亮处），并出现像素溢出现象，即高光溢出，而左侧较暗的区域则无像素分布，故该照片在后期无法补救。

当曝光准确时，照片影调较为均匀，且高光、暗部或阴影处均无细节丢失，反映在柱状图上就是在整个横轴上从最黑的左端到最白的右端都有像素分布。

当曝光不足时，照片上会出现无细节的死黑区域，画面中丢失了过多的暗部细节，反映在柱状图上就是像素主要集中于横轴的左端（最暗处），并出现像素溢出现象，即暗部溢出，而右侧较亮区域少有像素分布，故该照片在后期也无法补救。

【焦距：35 mm ┆ 光圈：f/7.1 ┆ 快门速度：1/80 s ┆ 感光度：ISO200】

▲ 柱状图偏左且溢出，代表画面曝光不足

【焦距：85 mm ┆ 光圈：f/3.5 ┆ 快门速度：1/125 s ┆ 感光度：ISO100】

▲ 曝光正常的拍摄效果，画面明暗适中，色调分布均匀

【焦距：35 mm ┆ 光圈：f/6.3 ┆ 快门速度：1/50 s ┆ 感光度：ISO500】

▲ 柱状图右侧溢出，代表画面中高光处曝光过度

佳能和尼康相机提供了亮度和RGB两种柱状图显示形式，分别表示曝光量分布情况和色彩饱和度与渐变情况。

- 亮度：选择此选项，柱状图横纵两轴分别代表了亮度等级（左侧暗，右侧亮）和像素分布状况，两者共同反映出所拍摄图像的曝光量和整体色调。
- RGB：选择此选项，柱状图通过所拍摄图像的三原色的亮度等级分布状况，反映出图像色彩饱和度和渐变情况及白平衡的偏移情况。

怎样才能快速提高出片率？

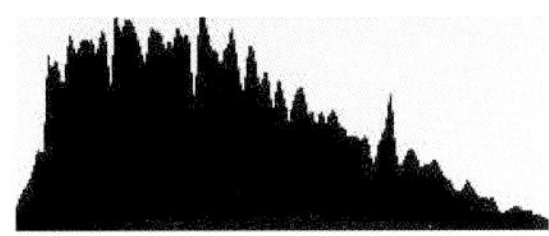

【焦距：20 mm ┊光圈：f/11 ┊快门速度：1/160 s ┊感光度：ISO100】

▲ 画面整体给人感觉为低调效果，但在柱状图显示中可以看出，画面左侧没有溢出，画面中无论是暗部细节还是整体细节都很丰富

设置方法

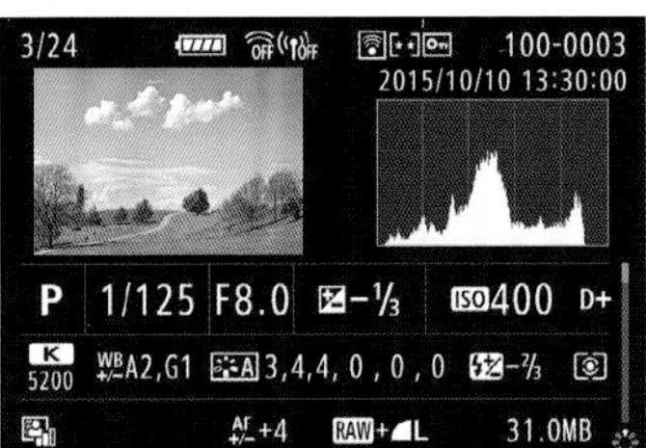

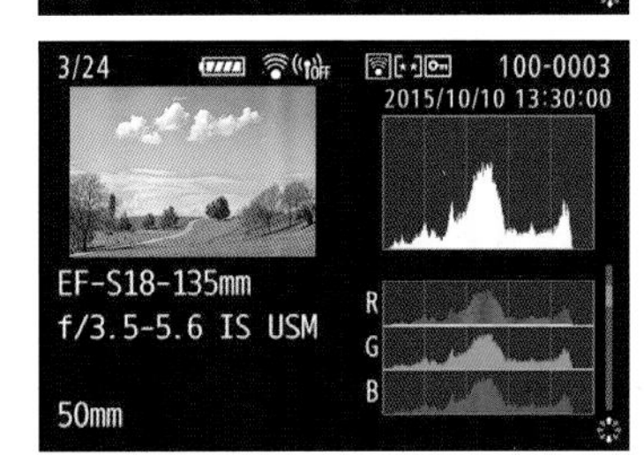

佳能相机查看柱状图方法：按下播放按钮并转动速控转盘选择照片，然后按下INFO按钮切换至拍摄信息显示界面，即可查看照片的柱状图，按▼方向键可以查看RGB柱状图

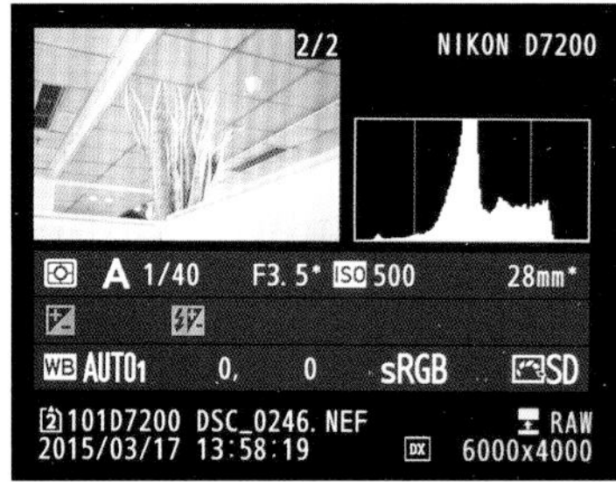

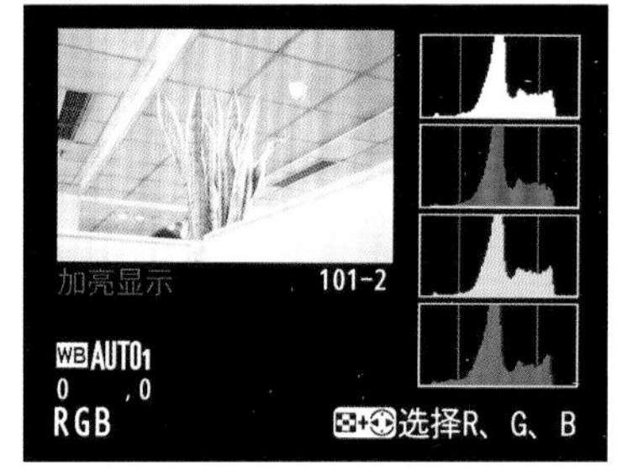

尼康相机查看直方图方法：在机身上按下▶按钮播放照片，按下▼或▲方向键切换至概览显示界面，可以查看亮度直方图，切换至RGB直方图界面，则可以查看RGB直方图

柱状图的种类

照片理想的柱状图其实是相对的，照片类型不同，其柱状图形状也不同。以均匀照度下，中等反差的景物为例，正确曝光照片的柱状图两端没有像素溢出，线条均衡分布。下面结合实际图例进行分析。

曝光正确的中间调照片柱状图

曝光正确的中间调照片由于没有大面积的高亮与低暗区域，因此其柱状图的线条分布平衡，从柱状图的最左侧至最右侧通常都有线条分布，而线条出现最集中的地方是柱状图的中间位置。

【焦距：20 mm ┆ 光圈：f/11 ┆ 快门速度：10 s ┆ 感光度：ISO100】

高调照片柱状图

高调照片有大面积浅色、亮色，反映在柱状图上就是像素基本上都出现在其右侧，左侧即使有像素其数量也比较少。例如，在下面这幅图中雪地的浅色居多，所以在柱状图中表现为像素大多偏右。

【焦距：35 mm ┆ 光圈：f/13 ┆ 快门速度：1/640 s ┆ 感光度：ISO100】

高反差低调照片柱状图

由于高反差低调照片中高亮区域虽然比低暗的阴影区域少，但仍然在画面中占有一定的比例，因此在柱状图上可以看到像素会在最左侧与最右侧出现，而大量的像素则集中在柱状图偏左侧的位置。例如，在下面这幅图中剪影与明亮的天空反差很大，所以在柱状图中表现为像素大多偏两边。

【焦距：21 mm ¦ 光圈：f/10 ¦ 快门速度：1/160 s ¦ 感光度：ISO100】

低反差暗调照片柱状图

由于低反差暗调照片中有大面积暗调，而高光面积较小，因此在其柱状图上可以看到像素基本集中在左侧，而右侧的像素则较少。例如，在下面这幅图中，鸟的高光面积小，背景为大面积的暗调，所以在柱状图中表现为像素大多中间偏左。

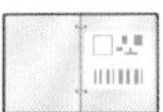

深度分析你的摄影水平为什么没有进步？

【焦距：400 mm ¦ 光圈：f/5 ¦ 快门速度：1/1 600 s ¦ 感光度：ISO640】

曝光补偿

曝光补偿的概念

由于数码单反相机是利用一套程序来对当前拍摄的场景进行测光，在拍摄一些极端环境，如较亮的白雪场景或较暗的弱光环境时，往往会出现偏差。为了避免这种情况的发生，可以通过增加或减少曝光补偿（以 EV 表示）使所拍摄的景物得到较好的还原。

曝光补偿通常用类似“EV+1”的方式来表示。“EV”是指曝光值，“EV+1”是指在自动曝光基础上增加 1 挡曝光；“EV-1”是指在自动曝光基础上减少 1 挡曝光，以此类推。

在光圈优先曝光模式下拍摄时，如果改变曝光补偿，相机将会改变快门速度；反之在快门优先曝光模式下拍摄时，如果改变曝光补偿，相机则将通过改变光圈大小来实现。

【焦距：50 mm ┆ 光圈：f/3.2 ┆ 快门速度：1/13 s ┆ 感光度：ISO100 ┆ 曝光补偿：-0.7 EV】

【焦距：50 mm ┆ 光圈：f/3.2 ┆ 快门速度：1/8 s ┆ 感光度：ISO100 ┆ 曝光补偿：-0.3 EV】

【焦距：50 mm ┆ 光圈：f/3.2 ┆ 快门速度：1/6 s ┆ 感光度：ISO100 ┆ 曝光补偿：0 EV】

【焦距：50 mm ┆ 光圈：f/3.2 ┆ 快门速度：1/4 s ┆ 感光度：ISO100 ┆ 曝光补偿：+0.3 EV】

【焦距：50 mm ┆ 光圈：f/3.2 ┆ 快门速度：1/2 s ┆ 感光度：ISO100 ┆ 曝光补偿：+0.7 EV】

【焦距：50 mm ┆ 光圈：f/3.2 ┆ 快门速度：1 s ┆ 感光度：ISO100 ┆ 曝光补偿：+1 EV】

⬇ 设置方法

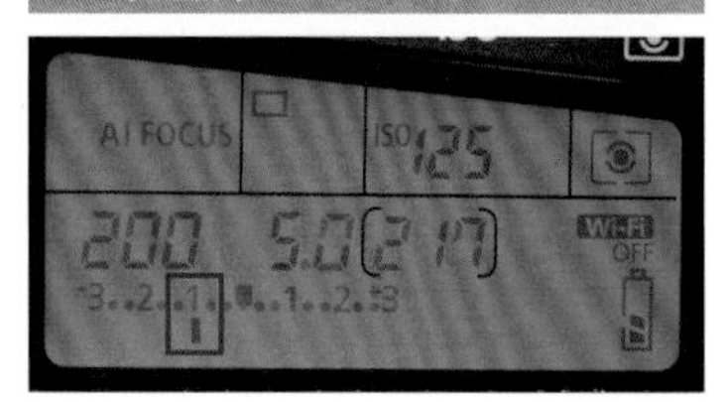

佳能相机曝光补偿设置：将模式转盘设为P、Tv、Av，中、高端相机是直接转动速控转盘◎调节曝光补偿，入门相机是按住曝光补偿按钮Av☒并转动主拨盘调整曝光补偿值

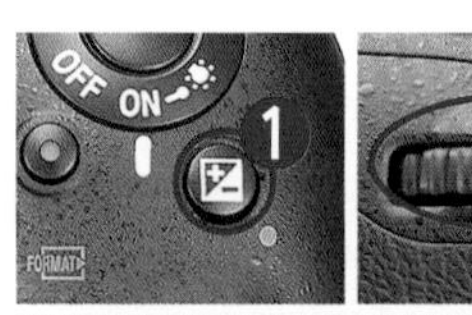

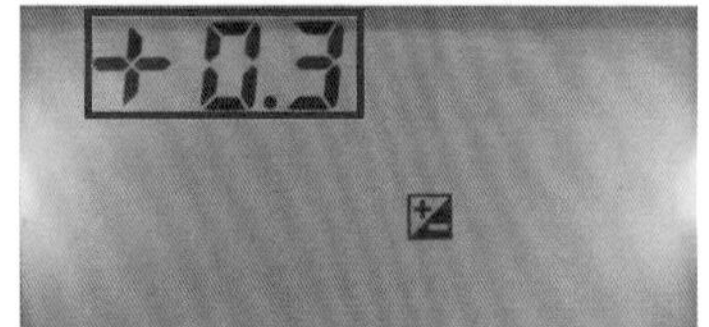

尼康相机曝光补偿设置：按住☒按钮，然后转动主指令拨盘即可在控制面板上调整曝光补偿数值

从照片中可以看出，光圈优先曝光模式下，改变曝光补偿，实际上是改变了快门速度。

曝光补偿的设置原则

曝光补偿有正向与负向之分，即增加与减少曝光补偿，最简单的方法就是依据“白加黑减”口诀来判断是做正向还是负向曝光补偿。

“白加”中提到的“白”并不是指单纯的白色，而是泛指一切颜色看上去比较亮的、比较浅的景物，如雪、雾、白云、浅色的墙体、亮黄色的衣服等；同理，“黑减”中提到的“黑”，也并不是单指黑色，而是泛指一切颜色看上去比较暗的、比较深的景物，如夜景、深蓝色的衣服、阴暗的树林、黑胡桃色的木器等。

在拍摄时，若遇到了“白色”的场景，就应该做正向曝光补偿；如果遇到的是“黑色”的场景，就应该做负向曝光补偿。

【焦距：38 mm ┆ 光圈：f/8 ┆ 快门速度：1/500 s ┆ 感光度：ISO400】

▲ 增加1.3挡曝光补偿后，画面曝光正常，准确地还原出了雪的质感

▲ 没有增加曝光补偿拍摄的显得灰暗的雪景

如何确定曝光补偿量

如前所述，根据“白加黑减”的口诀来判断曝光补偿的方向并非难事，真正使大多数初学者比较迷惑的地方在于，面对不同的拍摄场景应该如何选择曝光补偿量。

实际上，选择曝光补偿量的标准也很简单，就是要根据拍摄场景在画面中的明暗比例来判断。

如果明暗比例为 1 ： 1，则无须做曝光补偿，用评价测光就能够获得准确的曝光。

如果明暗比例为 1 ： 2，应该做 -0.3 挡曝光补偿；如果明暗比例是 2 ： 1，则应该做 +0.3 挡曝光补偿。

如果明暗比例为 1 ： 3，应该做 -0.7 挡曝光补偿；如果明暗比例是 3 ： 1，则应该做 +0.7 挡曝光补偿。

如果明暗比例为 1 ： 4，应该做 -1 挡曝光补偿；如果明暗比例是 4 ： 1，则应该做 +1 挡曝光补偿。

总之，明暗比例相差越大，则曝光补偿数值也应该越大，当然，通常中高端数码相机曝光补偿范围为 -5.0~+5.0，因此最高的曝光补偿量不可能超过这个数值。

除场景的明暗比例对曝光补偿量有所影响外，摄影师的表达意图也对其有明显影响，其中比较典型的是人像摄影。在拍摄漂亮的女模特时，如果希望使其皮肤在画面中显得更白皙一些，则可以在测光的基础上再增加 0.3~0.5 挡的曝光补偿。

在拍摄老人时，如果希望其肤色在画面中看起来更沧桑，则可以在测光的基础上做 -0.5~-0.3 挡的曝光补偿。

▲ 明暗比例为 1 ： 2 的场景

▲ 明暗比例为 2 ： 1 的场景

在快门优先曝光模式下使用曝光补偿

在快门优先曝光模式下，每增加一挡曝光补偿，光圈就会变大一挡，使照片变得更亮，直至光圈达到镜头的最大光圈为止，则不再变化。而每减少一挡曝光补偿，光圈就会收缩一挡，使照片变得更暗，直至光圈达到镜头的最小光圈为止，则不再变化。

【焦距：50 mm ┆ 光圈：f/1.6 ┆ 快门速度：1/50 s ┆感光度：100 ┆曝光补偿值：1⅓ EV】

【焦距：50 mm ┆ 光圈：f/1.8 ┆ 快门速度：1/50 s ┆感光度：100 ┆曝光补偿值：1 EV】

【焦距：50 mm ┆光圈：f/2 ┆快门速度：1/50 s ┆感光度：100 ┆曝光补偿值：⅔ EV】

【焦距：50 mm ┆ 光圈：f/2.2 ┆ 快门速度：1/50 s ┆感光度：100 ┆曝光补偿值：⅓ EV】

【焦距：50 mm ┆ 光圈：f/2.8 ┆ 快门速度：1/50 s ┆感光度：100 ┆曝光补偿值：-⅓ EV】

【焦距：50 mm ┆ 光圈：f/2.5 ┆ 快门速度：1/50 s ┆感光度：100 ┆曝光补偿值：-⅔ EV】

【焦距：50 mm ┆ 光圈：f/3.2 ┆ 快门速度：1/50 s ┆感光度：100 ┆曝光补偿值：-1 EV】

【焦距：50 mm ┆ 光圈：f/3.5 ┆ 快门速度：1/50 s ┆感光度：100 ┆曝光补偿值：-1⅓ EV】

从这组照片可以看出来，在曝光补偿值变化的过程中，光圈数值也随之逐渐变化，由于光圈越来越小，曝光越来越不充分，因此照片也越来越暗。另外，由于光圈越来越小，因此画面的景深也越来越大。这从一个侧面说明，当曝光补偿发生变化时，会影响到画面的景深。

在光圈优先曝光模式下使用曝光补偿

如前所述，在曝光时使用曝光补偿会对曝光结果产生一定的影响。在光圈优先曝光模式下使用曝光补偿时，每增加一挡曝光补偿，快门速度会降低一挡，从而获得增加一挡曝光的结果；反之，每降低一挡曝光补偿，则快门速度提高一挡，从而获得减少一挡曝光的结果。

下面展示了一组在光圈优先曝光模式下，不断改变曝光补偿数值时拍摄的照片。

【焦距：50 mm ┆ 光圈：f/1.4 ┆ 快门速度：1/10 s ┆感光度：100 ┆曝光补偿值：1⅓ EV】

【焦距：50 mm ┆ 光圈：f/1.4 ┆ 快门速度：1/15 s ┆感光度：100 ┆曝光补偿值：1 EV】

【焦距：50 mm ┆ 光圈：f/1.4 ┆ 快门速度：1/25 s ┆感光度：100 ┆曝光补偿值：⅔ EV】

【焦距：50 mm ┆ 光圈：f/1.4 ┆ 快门速度：1/30 s ┆感光度：100 ┆曝光补偿值：⅓ EV】

【焦距：50 mm ┆ 光圈：f/1.4 ┆ 快门速度：1/50 s ┆感光度：100 ┆曝光补偿值：0 EV】

【焦距：50 mm ┆ 光圈：f/1.4 ┆ 快门速度：1/60 s ┆感光度：100 ┆曝光补偿值：-⅓ EV】

【焦距：50 mm ┆ 光圈：f/1.4 ┆ 快门速度：1/80 s ┆感光度：100 ┆曝光补偿值：-⅔ EV】

【焦距：50 mm ┆ 光圈：f/1.4 ┆ 快门速度：1/125 s ┆感光度：100 ┆曝光补偿值：-1 EV】

从这组照片可以看出来，在曝光补偿值从正值向负值变化的过程中，快门速度随之逐渐变快，由于曝光时间越来越短，因此照片也越来越暗。另外，由于快门速度越来越快，因此可以想象如果拍摄的是动态对象，则画面中的对象会越来越清晰。这从一个侧面说明，当曝光补偿发生变化时，会影响到画面的动态效果。

曝光锁定

合适的曝光可以获得清晰明确的影像，这对于摄影来说是至关重要的。曝光锁定的作用在于，如果所拍摄主体的对焦区域和测光区域不在一起时，使用曝光锁定功能可以记录主体的曝光组合，重新构图后按照所记录的曝光组合进行拍摄即可。

使用佳能相机进行曝光锁定时，首先，对所要拍摄的对象进行测光。相机会以所测的对象为依据，自动计算曝光量，并给出一个曝光组合的数据。然后，按下相机上的曝光锁定按钮✱，此时相机所测得的曝光量将被锁定。最后，移动相机重新构图并拍摄即可。

在尼康相机上使用曝光锁定或对焦锁定功能，可以在半按快门进行对焦后将曝光值或对焦位置锁定，以利于重新构图进行拍摄。要锁定曝光或对焦，按下相机上的AE-L/AF-L按钮即可。

当然，我们也可以在“自定义设定”菜单的“f控制”中选择“f4 指定AE-L/AF-L”按钮选项，在其中可以设置锁定对焦、锁定测光或二者都锁定。

设置方法

佳能相机设置曝光锁定方法：按下自动曝光锁定按钮，即可锁定当前的曝光

尼康相机设置曝光锁定方法：按下AE-L/AF-L按钮即可锁定曝光和对焦

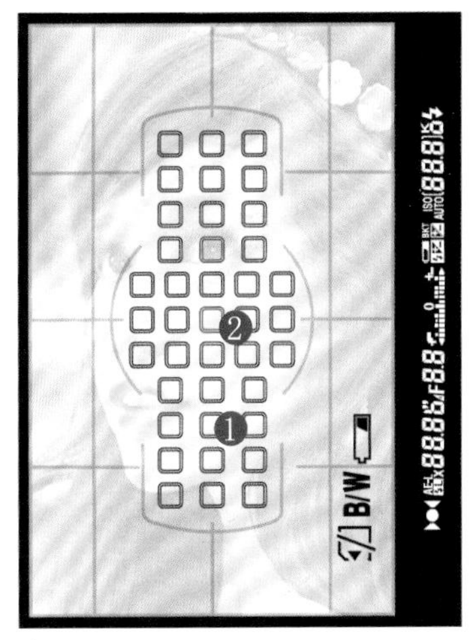

在拍摄此照片时，先是对位置❶人物面部半按快门进行测光，然后释放快门并按下✱或AE-L/AF-L按钮锁定曝光，然后重新对位置❷人物眼睛进行对焦并拍摄，从而得到了正确曝光的画面

包围曝光的意义

如果拍摄现场的光线很难把握，或者拍摄的时间很短暂，为了避免曝光不准确而失去这次珍贵的拍摄机会，可以选择包围曝光来提高拍摄的成功率，通过设置包围曝光拍摄模式，提高拍摄的成功率使相机针对同一场景连续拍摄出多张（通常是3张）曝光量略有差异的照片，每一张照片曝光量具体相差多少，可由摄影师自己确定。在具体拍摄过程中，摄影师无须调整曝光量，相机将根据设置自动在第一张照片的基础上增加、减少一定的曝光量，以拍摄出另外的照片。

按此方法拍摄出来的多张照片中，总会有一张是曝光相对准确的照片，因此使用包围曝光能够提高拍摄的成功率。

▲ 在拍摄白色花卉时，为避免曝光过度，在拍摄时设置了EV-0.3的曝光补偿，并在此基础上设置了EV±0.7的包围曝光，因此拍摄得到的3张照片的曝光量分别为+0.4 EV、-0.3 EV、-1.0 EV，其中+0.4 EV的效果明显更好一些，白色的花瓣看起来更加纯洁、干净

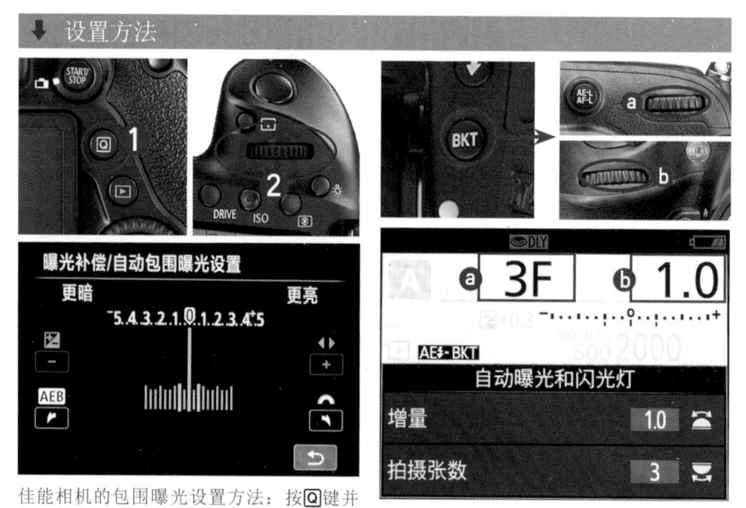

佳能相机的包围曝光设置方法：按Q键并使用方向键选择曝光补偿，然后按SET按钮，转动主拨盘可调整包围曝光的范围

尼康相机的包围曝光设置方法：要调整包围曝光参数，默认情况下，按下**BKT**按钮，转动主指令拨盘可以调整拍摄的张数（a）；转动副指令拨盘可以调整包围曝光的范围（b）

正确选择白平衡

什么是白平衡

白平衡是由相机提供的一种确保在拍摄时被拍摄对象的色彩不受光源色彩影响的一种设置。简单来说，就是通过设置白平衡，可以在不同的光照环境下，真实还原景物的颜色，纠正色彩的偏差。

出现白平衡的原因是由于无论是在室外的阳光下，还是在室内的白炽灯光下，人的固有观念仍会将白色的物体视为白色，将红色的物体视为红色。我们有这种感觉是因为人的眼睛能够修正光源变化造成的色偏。

举例来说，在人眼看来，一本书在日光下是白底黑字，在钨丝灯的照射下，这本书仍然是接近于白底黑字，实际上，当光源发生改变时，这些光的颜色也会发生变化，而相机会精确地将这些变化记录在照片中，导致日光下的图书稍微偏蓝，而钨丝灯下的图书稍微偏黄。这样的照片在纠正之前看上去是偏色的，但其实这才是物体在当前环境下的真实色彩。

相机配备的“白平衡”功能，可以纠正不同光源下的色偏，就像人眼的功能一样，使偏色的照片得以纠正。所以说如果要使数码相机在两种光线下拍摄同一物体的颜色与人眼看到的一样，就必须要使用白平衡功能。

设置方法

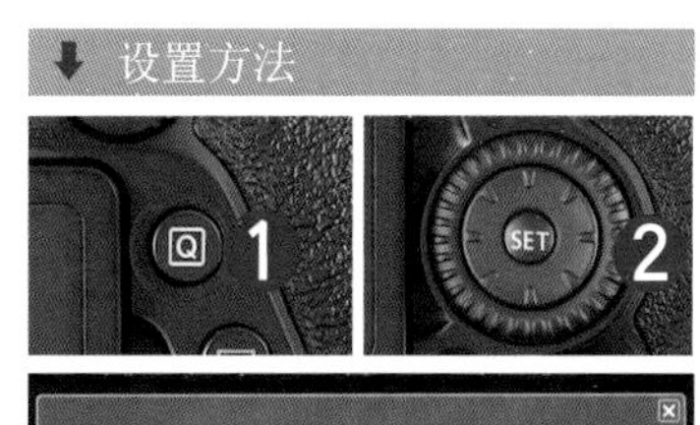

佳能相机的白平衡设置方法：按Q键并使用▲、▼、◀、▶键选择白平衡，然后转动主拨盘或速控转盘以选择不同的白平衡模式

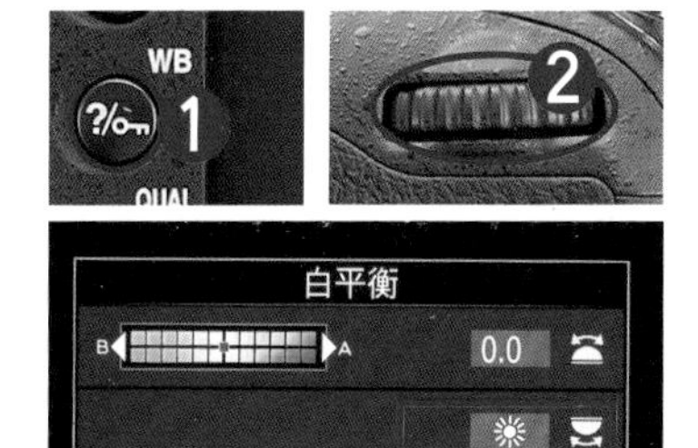

尼康相机的白平衡设置方法：在机身上设置白平衡时，可按下?/o‑n（WB）按钮，然后转动主指令拨盘即可选择不同的白平衡模式

白平衡与光线的色温

设置白平衡实际上就是控制色温。色温是物理上用来衡量不同光源中光谱颜色成分的名词，单位为热力学温度单位“K”（开尔文）。其规律为色温越低，则光源中的红色成分越多；色温越高，则光源中的蓝色成分越多。

摄影师在拍摄照片时，所使用的光源性质只有人造光与自然光两种。但无论是人造光还是自然光，其色温都不会是一成不变的。

为了获得最好的色彩还原效果，就需要准确地调整相应的白平衡设置。例如，为了加强夕阳暖调的效果，可以将白平衡设置成阴影模式；而在营造冷调画面时，则可以将白平衡设置成白炽灯模式。

预设白平衡

无论是佳能相机还是尼康相机，都具有若干种预设白平衡，下面分别以图示的方式展示，选择不同预设白平衡对画面的影响。

▲ 自动白平衡通常为数码相机的默认设置，相机中有一个结构复杂的矩形图，它决定了画面中的白平衡基准点，以此达到白平衡调校。这种自动白平衡的准确率非常高，一般情况下，选用自动白平衡均能获得较好的色彩还原效果

▲ 处于直射阳光下时，将白平衡设置为日光模式（佳能）/晴天模式（尼康），能获得较好的色彩还原。此模式的白平衡比较强调色彩，颜色显得比较浓且饱和

▲ 在相同的现有光源下，阴影（佳能）/背阴（尼康）白平衡可以营造出一种较浓郁的红色暖色调感觉，给人一种温暖的感觉

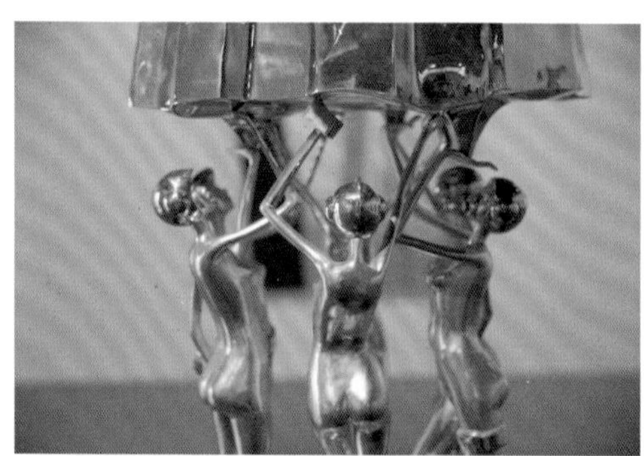

▲ 闪光灯白平衡主要用于平衡使用闪光灯时的色温，其默认色温为 5 400~6 000 K，较为接近阴天时的色温

▲ 钨丝灯（佳能）/白炽灯（尼康）白平衡模式适合拍摄与其对等的色温条件下的场景，而拍摄其他场景会使画面色调偏蓝，严重影响色彩还原

▲ 荧光灯白平衡模式会营造出偏蓝的冷色调，不同的是，荧光灯白平衡的色温比白炽灯白平衡的色温更接近现有光源色温，所以色彩相对接近原色彩

利用自定义白平衡还原正确色彩

如果希望根据拍摄现场的色温，精确地定义白平衡，可以使用自定义白平衡的方法。

佳能相机定义白平衡的操作方法基本相同，下面以佳能 EOS 80D 为例，讲解自定义白平衡的操作步骤。

❶ 在镜头上将对焦方式切换至 MF（手动对焦）方式。

❷ 找到一个白色物体，然后半按快门对白色物体进行测光（此时无须顾虑是否对焦的问题），且要保证白色物体应充满虚线框的部分，然后按下快门拍摄一张照片。

❸ 在“拍摄菜单2”中选择“自定义白平衡”选项。

❹ 此时将要求选择一幅图像作为自定义的依据，选择前面拍摄的照片并确定即可。

❺ 要使用自定义的白平衡，可以在“白平衡”菜单中选择“用户自定义”选项即可。

例如，在室内使用恒亮光源拍摄人像或静物时，由于光源本身都会带有一定的色温倾向，因此，为了保证拍出的照片能够准确地还原色彩，此时就可以通过自定义白平衡的方法进行拍摄。

【焦距：50 mm ┆ 光圈：f/6.3 ┆ 快门速度：1/200 s ┆ 感光度：ISO200】

设置方法

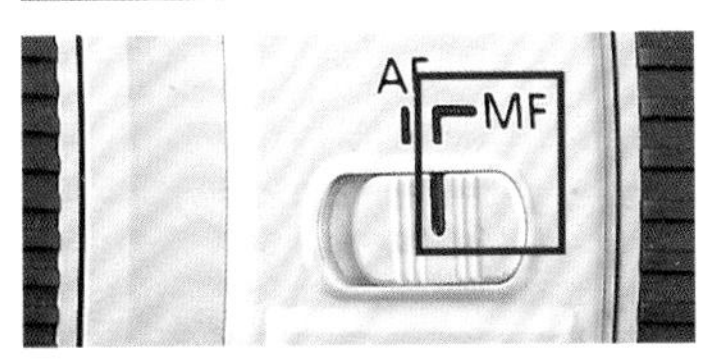

❶ 将镜头上的对焦模式切换为 MF

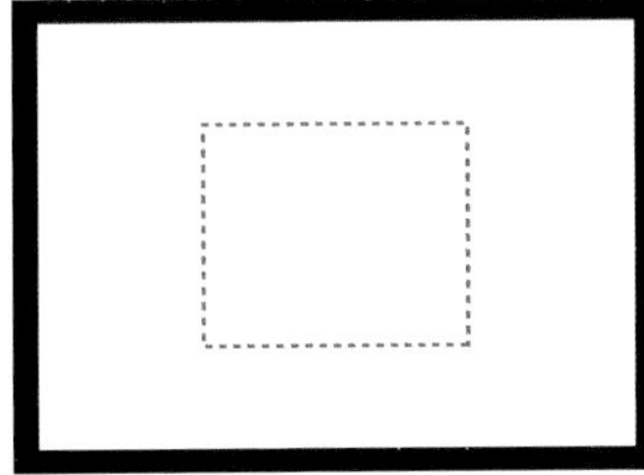

❷ 对白色物体进行测光并拍摄

❹ 单击选择步骤❷拍摄的照片后，单击 SET 图标，在出现的对话框中选择确定选项

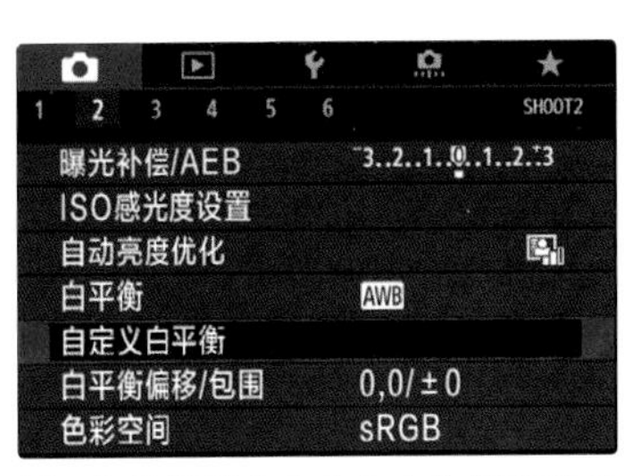

❸ 在拍摄菜单 2 中单击选择自定义白平衡选项

❺ 单击选择用户自定义白平衡

◀ 由于室内灯光颜色偏暖，使用自定义白平衡在室内可拍出颜色正常的画面

尼康系列相机定义白平衡的方法与佳能相机类似，下面以尼康D7200为例，讲解自定义白平衡的方法。

❶ 在机身上将对焦模式开关切换至M（手动对焦）方式，然后将一个中灰色或白色物体放置在用于拍摄最终照片的光线下。

❷ 按下WB按钮，然后转动主指令拨盘选择自定义白平衡模式PRE。旋转副指令拨盘直至显示屏中显示所需白平衡预设（d-1至d-6），如此处选择的是d-4。

❸ 短暂释放WB按钮，然后再次按下该按钮直至控制面板和取景器中的PRE图标开始闪烁，此时即表示可以进行自定义白平衡操作了。

❹ 对准白色参照物并使其充满取景器，然后按下快门拍摄一张照片。

❺ 拍摄完成后，取景器中将显示闪烁的Gd，控制面板中则显示闪烁的Good，表示自定义白平衡已经完成，且已经被应用于相机。

注意，当曝光不足或曝光过度时，使用自定义白平衡可能会无法获得正确的色彩还原。此时控制面板与取景器中将显示 no Gd 字样，半按快门按钮可返回步骤 ❹ 并再次测量白平衡。

【焦距：200 mm ┆ 光圈：f/3.5 ┆ 快门速度：1/400 s ┆ 感光度：ISO200】

◀ 阴天拍摄的时候，使用自定义白平衡纠正色温过高的现象，得到颜色正常的画面

设置方法

❶ 切换至手动对焦模式

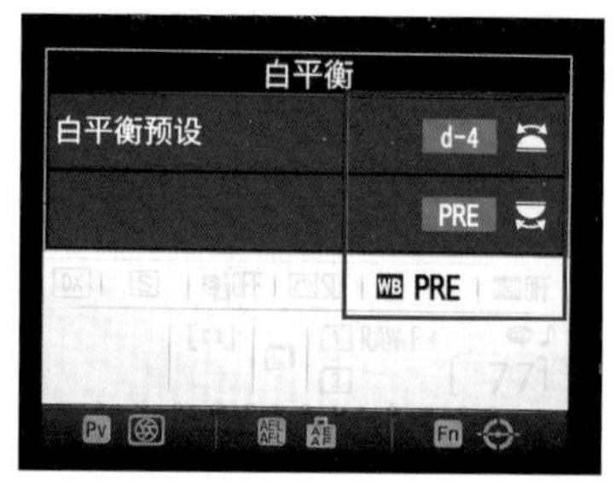

❷ 切换至自定义白平衡模式

❸ 按住WB按钮

手动选择色温

通过前面的讲解可知，无论是预设白平衡，还是自定义白平衡，其本质都是对色温的控制。预设白平衡的色温范围为3 000~7 000 K，只能满足日常拍摄的需求。而如果采用手动调节色温的方式进行调节，则可以在2 500~10 000 K的范围内以100 K 为增量对色温进行调整。

因此，当使用室内灯光拍摄时，由于很多光源（影室灯、闪光灯等）的产品规格中会明确标出其发光的色温值，拍摄时就可以直接按照标注的色温进行设置。

而如果光源的色温不确定，或者对色温有更高、更细致的控制要求，就应该采取手调色温的方式，先预估一个色温拍摄几张样片，然后在此基础上对色温进行调节，以使最终拍摄的照片能够正确还原拍摄时场景的颜色。

常见光源或环境色温一览表			
蜡烛及火光	1 900 K以下	晴天中午的太阳	5 400 K
朝阳及夕阳	2 000 K	普通日光灯	4 500~6 000 K
家用钨丝灯	2 900 K	阴天	6 000 K以上
日出后一小时阳光	3 500 K	晴天时的阴影下	6 000~7 000 K
摄影用钨丝灯	3 200 K	水银灯	5 800 K
摄影用石英灯	3 200 K	雪地	7 000~8 500 K
220 V 日光灯	3 500~4 000 K	无云的蓝色天空	10 000 K以上

设置方法

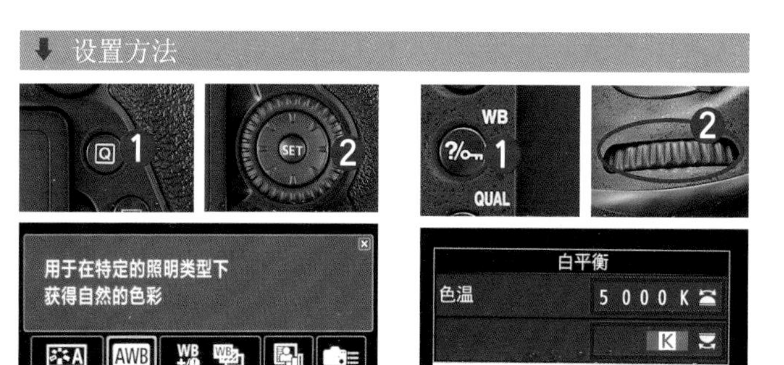

佳能相机手动选择色温设置方法：按下Q按钮显示速控屏幕，使用多功能控制钮选择白平衡选项并按下SET按钮，按下◀或▶方向键选择色温选项，然后转动主拨盘可调整色温数值，完成调整后按下SET按钮确认

尼康相机手动选择色温设置方法：按下WB按钮并同时旋转主指令拨盘选择K（选择色温）白平衡模式，再旋转副指令拨盘即可调整色温值

手调色温 K=2 500

手调色温 K=4 500

手调色温 K=6 500

手调色温 K=10 000

▲ 通过设置手动选择色温，可以看出在相同的光照环境下，色温值越低画面色调越冷，色温值越高画面色调越暖

白平衡偏移/白平衡包围

白平衡偏移 / 白平衡包围是一种类似于自动包围曝光的功能，通过设置相关参数，只需要按下一次快门即可拍摄 3 张不同色彩倾向的照片。使用此功能可以达到多拍优选的目的。

在佳能相机中，此功能可以通过“白平衡偏移 / 包围”菜单对所设置的白平衡进行微调矫正，以获得与使用色温转换滤镜同等的效果。该模式适合熟悉色温转换滤镜的高级用户使用。

在下图第❷步的界面图中，B 代表蓝色、A 代表琥珀色、M 代表洋红色、G 代表绿色，每种色彩都有 1～9 级矫正。

佳能相机

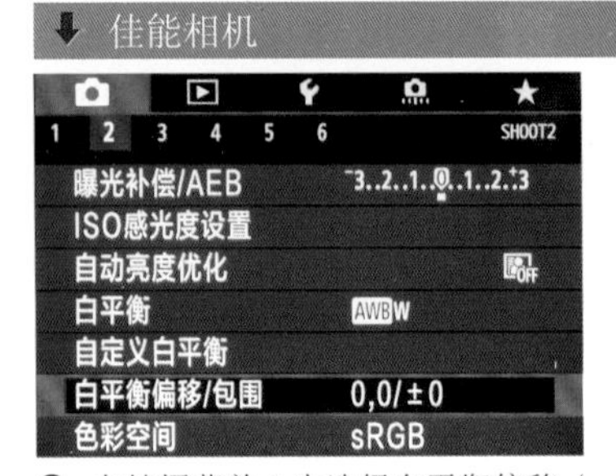

❶ 在拍摄菜单 2 中选择白平衡偏移 / 包围选项

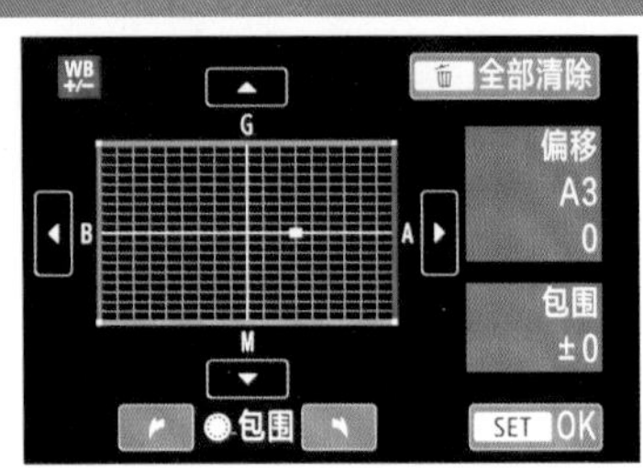

❷ 单击◀、▶、▲、▼可选择不同的白平衡偏移方向

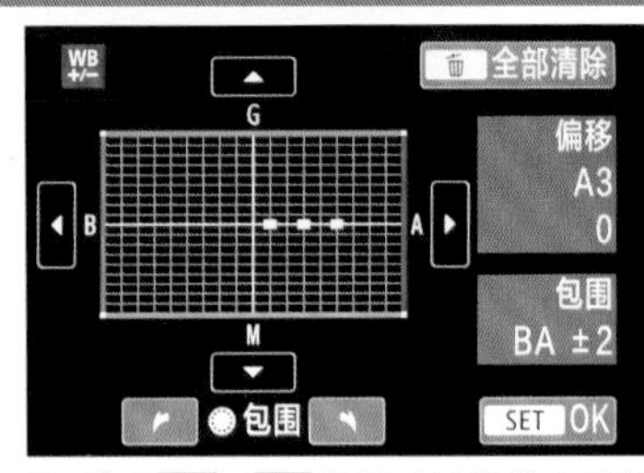

❸ 单击◤、◥图标可以设置白平衡包围的范围

在当前白平衡设置的基础上，图像将进行蓝色 / 琥珀色偏移或洋红色 / 绿色偏移包围曝光。使用此功能拍摄时，转动速控转盘◎，屏幕上的■标记将变成■ ■ ■。向右转动可设置蓝色 / 琥珀色包围曝光，向左转动可设置洋红色 / 绿色包围曝光。

目前，尼康相机中只有 D7000 以上的相机有白平衡包围功能，并且仅是包围功能的部分，需通过“自动包围设定”菜单来设定。在拍摄时，需进入自动包围设定中选择白平衡包围功能，以满足拍摄需求。

尼康相机

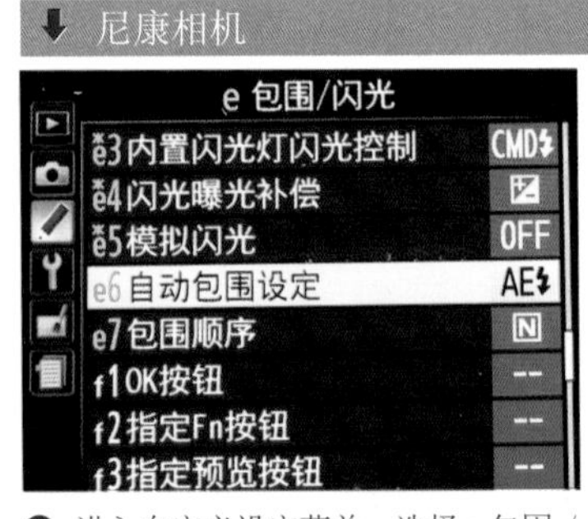

❶ 进入自定义设定菜单，选择 e 包围 / 闪光菜单中的“e6 自动包围设定”选项

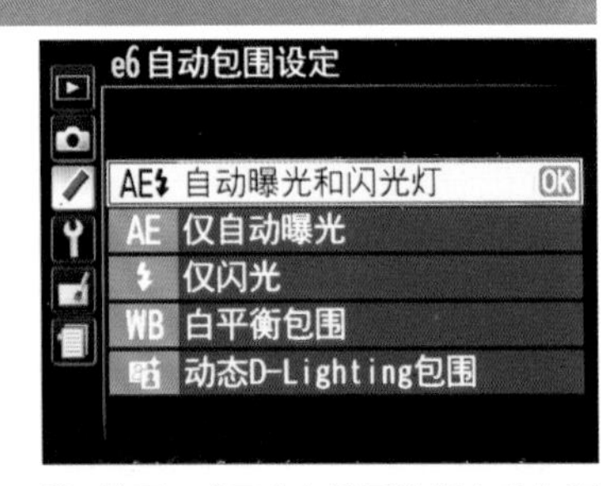

❷ 按下▲或▼方向键可选择自动包围曝光的方式

▲原照片效果

▲白平衡向 B 和 G 偏移后的效果

Chapter 09

了解摄影构图中的主要构成

画面主体

主体的基本概念

“主体”指拍摄中所关注的主要对象，是画面构图的主要组成部分，也是集中观者视线的视觉中心和画面内容的主要体现者，还是使人们领悟画面内容的切入点。它可以是单一对象，也可以是一组对象。

从内容上来说，主体可以是人，也可以是物，甚至可以是一个抽象的对象；而在构成上，点、线与面也都可以成为画面的主体。主体是构图的行为中心，画面构图中的各种元素都围绕着主体展开，因此主体有两个主要作用，一是表达内容，二是构建画面。

构图能决定一切，你能决定构图吗？

【焦距：105 mm ┆ 光圈：f/4 ┆ 快门速度：1/1 250 s ┆ 感光度：ISO250】

使用微距镜头拍摄的蜜蜂在画面中占据了较大的面积，是构建画面的主要因素，是画面中的主体，也是摄影师要表达的主要内容

主体的6种常用表现手法

置于前景

将拍摄对象置于前景，能够将主体表现得更加清楚，因而能够很好地突出主体，这也是拍摄时最常见的一种表现手法。

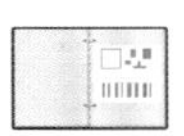

不能犯的8个摄影构图错误

【焦距：85 mm ┆ 光圈：f/3.5 ┆ 快门速度：1/200 s ┆ 感光度：ISO100】

➤ 主体人物的前方没有别的景物分散观者的注意力，得到了很好的表现，整个画面也显得主题非常突出

虚实对比

人们在观看照片时，很容易将视线停留在较清晰的对象上，而对于较模糊的对象，则会自动“过滤掉”，虚实对比的表现手法正是基于这一原理，即让主体尽可能的清晰，而其他对象则尽可能的模糊。人像摄影是最常使用虚实对比手法来突出主体的题材之一。

看破“对比”拍大片

【焦距：200 mm ┆ 光圈：f/4 ┆ 快门速度：1/200 s ┆ 感光度：ISO100】

➤ 使用长焦镜头拍摄，周围杂乱的荷叶被虚化后，荷花显得格外突出，成为画面的视觉兴趣点

色彩对比

鲜明的色彩对比是画面中两个或几个色彩之间，在明度、饱和度甚至是色相上都体现出明显的区别，这些色彩之间相互联系、相互衬托，从而形成了明显的对比关系。通过色彩对比来突出主体是最常用的手法之一，无论是利用天然的、人工布置的或通过后期软件进行修饰的方法，都可以获得明显的色彩对比效果，从而突出主体对象。如大面积的红色和小面积的白色。

【焦距：200 mm ┆ 光圈：f/3.5 ┆ 快门速度：1/200 s ┆ 感光度：ISO100】

◀ 利用绿叶作为背景来衬托鲜花的红艳，使得画面形成自然而又强烈的冷暖对比

色到极点，美到极致

明暗对比

这种手法就是通过创造主体与其他元素之间的亮度差异，从而突出主体对象。

在拍摄昆虫及花卉等对象时，黑色也是较常见的背景，从而借由整体的明暗对比，达到以简单背景突出主体的目的。

【焦距：180 mm ┆ 光圈：f/4 ┆ 快门速度：1/500 s ┆ 感光度：ISO200】

▶ 使用长焦镜头拍摄，画面中白色的花朵虚化成白色的色块，和黑色的蝴蝶形成了强烈的明暗对比，蝴蝶显得格外突出

动静对比

动静对比是指利用构图元素之间的动静关系达到突出主体的目的——静中有动或动中有静都可以形成对比关系。例如，看到一个或几个人在相对静止的人群中穿行，由于主体动，环境相对静止，主体显得十分突出。如果环境中的人群相对运动，一个人静止不动，也同样会显得十分突出。

【焦距：35 mm ¦ 光圈：f/9 ¦ 快门速度：1 s ¦ 感光度：ISO100】

▲ 使用慢速快门拍摄溪水，动态的水流与静态的岩石、树木形成对比，使得溪水流动的感觉更加突出

靠近拍摄对象

靠近拍摄对象可以调整主体在画面中的面积，减少周围环境对观者视线的分散，从而使其占据视觉的主体地位，达到突出主体的目的。

不过，在靠近拍摄对象拍摄时需要特别注意构图，为避免出现画面无主题，在取景时需选择有特色的局部进行表现，而拍摄人物时则表现身体造型或表情。

【焦距：105 mm ¦ 光圈：f/3.5 ¦ 快门速度：1/400 s ¦ 感光度：ISO200】

▲ 靠近主体人物拍摄时，人物的面部基本上充满了整个画面，给人一种主体突出的感觉

画面陪体

陪体在画面中并非必需，但恰当地运用陪体可以让画面更为丰富，渲染不同的气氛，对主体起到解释、限定、说明的作用，有利于传达画面的主题。

陪体是画面中的陪衬，用以渲染主体，并同主体一起构成特定情节的被摄对象。它是画面中同主体联系最紧密、最直接的次要拍摄对象。与主体一样，陪体可以是人，也可以是物，只要能够起到衬托突出主体、说明主体的作用，可以在画面中将任何一个对象安排成为陪体。

【焦距：70 mm ┆ 光圈：f/3.2 ┆ 快门速度：1/1 250 s ┆ 感光度：ISO250】

▲ 花束作为陪体不仅丰富了画面，而且把主体衬托得更加生动

画面环境

通常所说的环境，就是指照片的拍摄时间、地点等。而从广义上来说，环境又可以理解为社会类型、民族及文化传统等。无论是哪种层面的环境因素，主要都是用于烘托主题，进一步强化主题思想的表现力，并丰富画面的层次。

相对于主体来说，位于其前面的即可理解为前景，而位于主体后面的则称为背景，从作用上来说，它们是基本相同的，都用于陪衬主体或表明主体所处的环境。只不过通常都是采用背景作为表现环境的载体，而采用前景的时候则相对较少。

需要注意的是，无论是前景还是背景，都应该尽量简洁——简洁并非简单，前景或背景的元素可以很多，但不可杂乱无章，影响主体的表现。

10招极简风格摄影技巧

【焦距：18 mm ┆ 光圈：f/10 ┆ 快门速度：1/250 s ┆ 感光度：ISO400】

▲ 利用远景画面可以表现出很大的被摄环境，画面将甜蜜的新人幸福之感表现得很充分

前景

前景就是指位于被摄主体前面或靠近镜头的景物。在拍摄时所谓的前景位置并没有特别的规定，主要是根据被摄物体的特征和构图需要来决定。

利用前景渲染季节气氛和地方色彩

一幅画面中，如果使用一些花草树木做前景，画面就会具有浓郁的生活气息。例如，在春暖花开的季节，经常用各种花卉作为前景，这样既交代了拍摄照片的季节，又给画面增添了春意；到了秋天，就会用红叶等作为前景，这些都为照片赋予了季节气息。

【焦距：85 mm ┆光圈：f/2.2 ┆快门速度：1/640 s ┆感光度：ISO200】

▲ 前景中朦胧虚化的绿叶把女孩围绕其中，画面显得非常浪漫、唯美

利用前景加强画面的空间感和透视感

距离镜头比较近的景物，在画面中会表现出成像大的特点，与距离镜头比较远的景物会形成明显的大小对比，这样的画面会产生空间距离感，而不是单纯的平面感觉。景物由于远近距离的不同，在画面中所占面积比例相差也比较大，给人的想象空间也越强，空间感和透视感就越明显。

【焦距：24 mm ┆光圈：f/22 ┆快门速度：1.3 s ┆感光度：ISO100】

▲ 画面前景中的石块由于近大远小的透视关系显得比远处的石块大很多，从而增强了画面的空间感和纵深感

利用前景增加画面的装饰美

在前景中加入一些规则排列的物体，或者是具有图案的物体，例如，增添一个精美的画框或花边，会使画面显得生动活泼，又增加了美感。

➤ 前景中的黄色树木既起到丰富画面色彩、美化画面的作用，同时也增加了画面的空间感，使雪山看起来更具立体感

【焦距：50 mm ┆ 光圈：f/8 ┆ 快门速度：1/400 s ┆ 感光度：ISO100】

利用前景创造现场气氛

由于人们对摄影艺术审美观念的变化和发展，对于照片的要求越来越趋向自然、真实，要求有现场的气氛。虚化的前景可以强调出这种现场气氛，而且前景的虚化也有助于突出主体的实，以虚衬实。无论是拍摄动物、人像还是风光，这样的方法都很适用。

在实际拍摄时，前景的运用往往同时融合了多种效果。但是要注意，前景的使用不可太过，在可有可无时，为了画面的简洁可舍弃不用。如果要使用前景，其形状和线条结构要与主体相呼应，帮助表达主题思想。

➤ 前景的纳入使画面中的主体更加融入环境，同时大光圈的使用也使前景和背景都产生了虚化，主体人物得到了很好的表现

【焦距：85 mm ┆ 光圈：f/1.8 ┆ 快门速度：1/800 s ┆ 感光度：ISO100】

中景

中景是连接前景与背景的纽带。中景、前景及背景结合起来，可将平面的二维画面展现为三维空间效果，能增强画面的立体感。中景在画面中通常是指选取拍摄主体的大部分，从而将其细节表现得更加清晰，同时，画面中也会拥有一些环境元素，用以渲染整体气氛。

【焦距：85 mm ┆ 光圈：f/2 ┆ 快门速度：1/800 s ┆ 感光度：ISO200】

▲ 将人物放在中景的位置上，将背景与前景紧密联系起来，同时将画面的空间感很好地表现出来，渲染出清新自然的画面气氛

背景

背景在一般情况下指的是处在画面主体后面的景物。背景作为画面的组成部分，主要起到衬托主体形象、丰富画面、说明主体所处环境的作用。

一般情况下，背景宜选择与拍摄主题有联系的景物，这样才能起到更好的烘托作用。一般处理背景的技巧有：亮主体放在暗背景上；暗主体放在亮背景上；用光线照亮主体轮廓，突出主体。

【焦距：24 mm ┆ 光圈：f/7.1 ┆ 快门速度：1/400 s ┆ 感光度：ISO100】

▲ 将日落时分的海景作为背景拍摄，使得身着民族服装的模特更加突出，也使画面显得更加绚丽

留白

留白其实是一个很容易理解的概念，白就是指空白，留白显然就是在构图时给画面留出一定的空白。形象地说，画面中的空白和文章中的标点符号起着相似的作用，但在摄影中留白并不一定就是实际意义上的空白，它可以是大片同色调或同类型的景物，如天空、大海、山峰、草原、土地……

在拍摄时，作为主体要被安排在画面中最能吸引人注意的位置，构图时适当地留白，给观赏者以想象的空间。若留白的位置与大小都比较合适，不但可以突出主体，而且还为画面赋予生机。留白处尽可能安排在视线的前方或活动进行的方向，根据画面的需要来确定其位置与大小，以使主体得到凸显和表达。

【焦距：35 mm ┆ 光圈：f/9 ┆ 快门速度：1/30 s ┆ 感光度：ISO100】

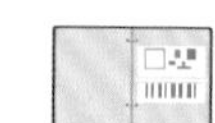

极简摄影如何构图？

◀ 使用广角镜头拍摄，枯树作为主体处于画面的黄金分割位置，其余地方的大量留白不仅使主体更加突出，也使场景看起来更加开阔

Chapter 10

构图的基础知识与构图形式

5种景别

景别是影响画面构图的另一个重要因素。景别是指由于镜头与被摄体之间距离的变化，造成被摄主体在画面中所呈现出的范围大小的区别。由远及近分别为远景、全景、中景、近景、特写，伴随景别的变化，所呈现出的画面效果的侧重也不一样。

远景

远景拍摄通常是指画面中除了主体以外，还包括更多的环境因素，此时，需要特别注意环境的协调性和简洁性，否则杂乱的环境很可能会影响主体的表现，甚至完全湮没主体。

远景在渲染气氛、抒发情感、表现意境等方面具有独特的作用，由于具有广阔的视野，因此在气势、规模、场景等方面的表现力更强。

➤ 以远景拍摄的照片，人物在画面中显得略小，但是环境得到了很好的表现

【焦距：85 mm ┆ 光圈：f/1.2 ┆ 快门速度：1/1 600 s ┆ 感光度：ISO100】

全景

全景是指以拍摄主体作为画面的重点并全部显示于画面中，适用于表现主体的全貌，相比远景更易于表现主体与环境之间的密切关系。在人物肖像摄影中运用全景构图，既能展示出人物的行为动作、面部表情与穿着等，也可以从某种程度上来表现人物的内心活动。

➤ 使用长焦镜头拍摄，儿童得到了很好的表现，同时环境也交代得很清楚

【焦距：135 mm ┆ 光圈：f/3.2 ┆ 快门速度：1/320 s ┆ 感光度：ISO100】

中景

中景通常是指选取拍摄主体的大部分，从而对其细节表现得更加清晰，同时，画面中也会拥有一些环境元素，用以渲染整体气氛。如果是以人体来衡量，中景拍摄主要是拍摄人物上半身至膝盖左右的身体区域。

【焦距：50 mm ┆ 光圈：f/3.5 ┆ 快门速度：1/320 s ┆ 感光度：ISO100】

▲ 使用中景的手法拍摄，人物的身形和面部得到了很好的表现，也交代了一部分的环境

近景

采用近景景别拍摄时，环境所占的比例非常小，对主体的细节层次与质感表现较好，画面具有鲜明、强烈的感染力。如果是以人体来衡量，近景拍摄主要是拍摄人物胸部以上的身体区域。

【焦距：85 mm ┆ 光圈：f/2.8 ┆ 快门速度：1/160 s ┆ 感光度：ISO200】

▲ 采用近景拍摄，人物的面部细节得到了很好的表现，皮肤显得非常细腻光滑，而背景交代得非常少

特写

特写可以说是专门为刻画细节或局部特征而使用的一种景别，在内容上能够以小见大，而对于环境，则表现得非常少，甚至完全忽略了。

需要注意的是，正因为特写景别是针对局部进行拍摄，有时甚至会达到纤毫毕现的程度，因此对拍摄对象的要求会更为苛刻，以避免因细节不完美而影响画面的效果。

11招拍出完美大头照

【焦距：200 mm ┆ 光圈：f/3.2 ┆ 快门速度：1/400 s ┆ 感光度：ISO200】

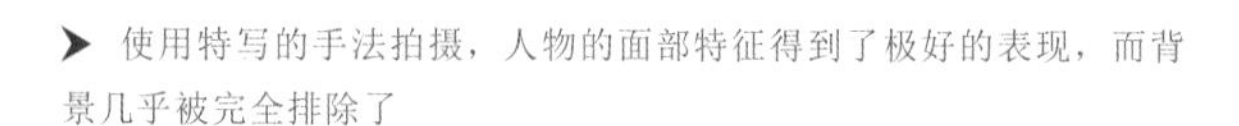

➤ 使用特写的手法拍摄，人物的面部特征得到了极好的表现，而背景几乎被完全排除了

3个拍摄方向

“拍摄方向”是指以拍摄对象为中心，在同一水平面上围绕拍摄对象取景。选择不同的拍摄方向，可以展现拍摄对象不同侧面的典型形象及主体、陪体、环境之间的关系。此外，不同的拍摄方向还会带来不同的画面情绪。

正面拍摄

正面拍摄，也就是相机与被摄体的正面相对进行拍摄。从正面角度进行拍摄，可以清楚地展示被摄体的正面形象。

从正面拍摄人像可以显示出亲切感；拍摄建筑能表现建筑对称的风格等。正面拍摄一般不适合表现大山、树木等题材。因为像山川、树木这样的题材自身方向性就不明显，没有所谓的正面、侧面。

【焦距：120 mm ┆ 光圈：f/4 ┆ 快门速度：1/800 s ┆ 感光度：ISO400】

▲ 使用微距镜头拍摄，昆虫头部得到了很好的表现，画面给人一种非常新奇的感觉

【焦距：50 mm ┆ 光圈：f/10 ┆ 快门速度：1/125 s ┆ 感光度：ISO100】

▲ 拍摄模特的正面，人物俏皮的动作给人一种亲切自然之感

侧面拍摄

侧面拍摄，就是相机位于与被摄体正面成 90° 的位置进行拍摄。从侧面进行拍摄，可以凸显被摄体的轮廓。当从侧面拍摄人像时，眼神朝向的方向要留有一定的空白，为画面增添想象的空间。而且，从侧面拍摄还能给人一种含蓄的感觉，使观者产生一种想一睹“庐山真面目”的感觉。

【焦距：35 mm ┆ 光圈：f/3.5 ┆ 快门速度：1/100 s ┆ 感光度：ISO200】

▲ 采用正侧的角度拍摄模特，画面给观者留下遐想的空间，不仅增添了趣味性，而且烘托出含蓄的意境

背面拍摄

背面角度往往具有一定的悬念效果。当人们对事物的背面产生兴趣时，往往就会更希望知道其正面状况。

背面角度还具有借实写意的效果，它通过事物背影向观者传达画外之意，往往具有深刻的立意。

另外，在背面角度中，要着重刻画人物的姿态、轮廓，选择提炼典型线条，而将神情、细节等降到次要地位，从而通过背影传达出作品的立意。

【焦距：200 mm ┆ 光圈：f/9 ┆ 快门速度：1/1 000 s ┆ 感光度：ISO100】

▲ 使用长焦镜头逆光拍摄人物的背面，画面非常简洁，让观者充满了联想

拍摄视角

拍摄视角即拍摄高度，一般是以拍摄者站立在地平面上的平视角为依据，或者以相机镜头与拍摄对象所处的水平线为依据。拍摄视角一般可以分为平视拍摄、俯视拍摄、仰视拍摄等。

平视拍摄

平视拍摄是指摄影机镜头与被摄对象处在同一水平线上进行拍摄，这种拍摄高度比较符合人们平常的视觉习惯和视点，而且所得画面的透视关系、结构形式都和人眼看到的大致相同，因而能给人以心理上的亲切感，适于表现人物的感情交流和内心活动，较常用在日常摄影中。

平视角度拍摄的画面比较规矩、平稳，不易表现特殊效果，因而在实际拍摄中要大胆变换拍摄高度，给画面构成带来丰富的变化。

使用平视角度拍摄时，需要注意以下几个问题。

首先，要有选择地简化背景。平视角度拍摄容易造成主体与背景景物的重叠，因此要想办法简化背景。

其次，要突出主要形象，避免主体、陪体、背景层次不清、主次不分。

最后，要避免线条分割画面，即远处的地平线或海平线不能在画面中间穿过，造成画面的分裂感。拍摄时可以利用高低不平的物体如山峦、树木等分散观者注意力，还可利用画面中从前景至远方的线条变化加强深度感，从而减弱横向地平线的分割力量。

【焦距：50 mm ┆ 光圈：f/2.8 ┆ 快门速度：1/400 s ┆ 感光度：ISO100】

◀ 使用平视角度拍摄的人像作品，模特的表情和脸部轮廓都得到了很好的表现，让人觉得非常亲切、自然

俯视拍摄

俯视拍摄是摄影机镜头处在正常视平线之上，由高处向下拍摄被摄体的方法。

俯视角度拍摄有利于展现空间、规模、层次，可以表现出远近景物层次分明的空间透视感，有利于表现画面主体如山脉、原野、草原等的气势或地势，也有利于展示物体间的相互关系。

俯拍角度会改变被摄事物的透视状况，形成上大下小的变形，尤其在使用广角镜头时更为明显。拍摄时要加以控制。

俯视角度拍摄往往具有强烈的主观感情色彩，常表示反面、贬义或蔑视的感情色彩。

俯视角度拍摄还具有简化背景的作用，当拍摄的背景为水面、草地等单纯的景物时，能够取得纯净的背景，从而避开了地平线上杂乱的景物。

另外，俯视角度拍摄可以造成前景景物的压缩，使其处于画面偏下的位置，从而突出后景中的事物。

采用俯视角度拍摄时，地平线往往在画面上方，可以增加画面的纵深感，使画面透视感更强。

【焦距：17 mm ┆ 光圈：f/9 ┆ 快门速度：11 s ┆ 感光度：ISO100】

◀ 俯视拍摄城市夜景，能够将整个城市灯火通明、喧嚣繁华的气氛尽收眼底。强烈的透视关系使得画面更具视觉冲击力。注意，俯视拍摄时要将脚架固定好，否则会影响画面的清晰度

仰视拍摄

仰视拍摄是将摄影机镜头安排在视平线之上，由下向上拍摄被摄体的方法。仰视角度拍摄往往有较强的抒情色彩，可使画面中的物体呈现某种优越感，暗含高大、赞颂、敬仰、胜利等意义，能让观者产生相应的联想，具有强烈的主观感情色彩。

仰视角度拍摄有利于表现位置较高或高大垂直的景物，特别当景物周围的拍摄空间较小时，仰视角度可以充分利用画面的深度来包容景物的体积。

仰视角度拍摄还有利于简化背景，按这种角度拍摄的画面通常以干净的天空作为背景，从而避开了主体背后杂乱的景物，使画面更简洁、主体更突出。

用广角镜头近距离以仰视角度拍摄景物时，可以夸大前景物体，压缩背景景物，从而能够突出前景景物的地位，这种手法被称为配景缩小法，这种拍摄手法会使景物本身的线条向上产生汇聚，从而产生一种向上的冲击力，形成夸张变形的效果。

另外，仰视角度拍摄往往使地平线处于画面的下方，可以突出画面宽广、高远的横向空间感。

【焦距：20 mm ┆ 光圈：f/11 ┆ 快门速度：1/200 s ┆ 感光度：ISO200】

▲ 用仰视的角度拍摄高楼大厦，在镜头近大远小的透视关系影响下，其高大的形象被表现得淋漓尽致

【焦距：35 mm ┆ 光圈：f/5.6 ┆ 快门速度：1/500 s ┆ 感光度：ISO100】

▲ 用仰视的角度拍摄郁金香花，不仅将花卉拍出高大的感觉，还获得了纯净的蓝天背景

12种常用的构图形式

黄金分割法构图

什么是黄金分割

黄金分割是一种由古希腊人发明的几何学公式，其数学解释是，将一条线段分割为两部分，使其中一部分与全长之比等于另一部分与这部分之比。其比值的近似值是0.618，由于按此比例设计的造型十分美丽，因此这一比例被称为黄金分割。

“黄金分割”公式也可以从一个正方形来推导，将正方形底边分成二等份，取中点 X，以 X 为圆心，线段 XY 为半径画圆，其与底边直线的交点为 Z 点，这样将正方形延伸为一个比率为5∶8的矩形，Y 点即为“黄金分割点”，$a∶c=b∶a=5∶8$。

在拍摄中如何应用黄金分割

黄金分割式构图对于摄影构图有明显的美学价值，主要表现在以下3个方面。

❶ 用于确定画幅比例，如竖画幅的高8与宽5或横画幅的高5与宽8。

❷ 用于确定地平线或水平线的位置，如拍摄水面在画面中占5，天空占8；或水面占8，天空占5，两种视觉效果各不相同。

❸ 还可以用于确定主体在画面的视觉位置，这一部分可以参考“井”字格构图。

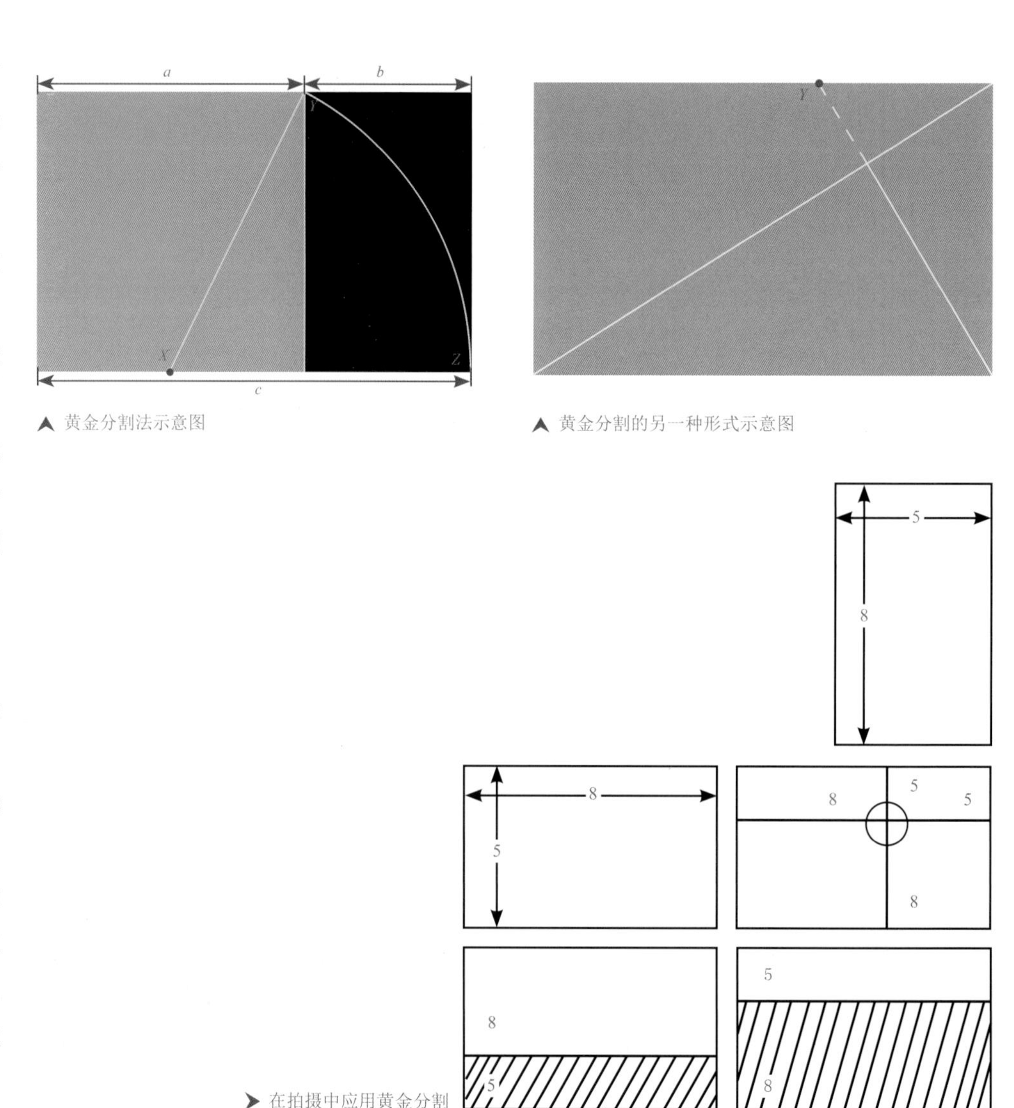

▲ 黄金分割法示意图

▲ 黄金分割的另一种形式示意图

➤ 在拍摄中应用黄金分割

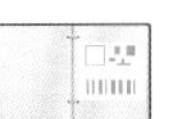
三分构图、黄金分割法10大误区

运用黄金分割法构图时，摄影师可将画面表现的主体放置在画面横竖三分之一等分的位置或其分割线交叉产生的4个交点位置，处于画面视觉兴趣点上，较易引起观者的注意，同时避免长时间观看而产生的视觉疲劳。例如，当被摄对象以线条的形式出现时，可将其置于画面三等分的任意一条分割线位置上；当被摄对象在画面中以点的形式出现时，则可将其置于三等分的分割线4个交叉点位置上。运用黄金分割法构图，不仅可避免画面的呆板无趣，而且会使其更具美感、更加生动。

➤ 拍摄人像摄影作品时，将人物放置在黄金分割位置，画面看起来更舒服

【焦距：50 mm ┆ 光圈：f/6.3 ┆ 快门速度：1/1 250 s ┆ 感光度：ISO100】

在实际使用时，也会采用2∶3或3∶5等近似的比例。在摄影中，构图时把拍摄主体安排在黄金分割点的位置时，也能获得更佳的视觉效果。

15种构图法则剖析

➤ 将蜜蜂安排在画面的右三分之一处，近似于黄金分割点的位置，同样具有很好的视觉效果，画面生动、不呆板

【焦距：200 mm ┆ 光圈：f/3.5 ┆ 快门速度：1/800 s ┆ 感光度：ISO400】

水平线构图

水平线构图也称为横向式构图，即使主体景物在画面中呈现为一条或多条水平线的构图手法。这种构图是使用最多的构图方法之一，水平线构图常常可以营造出一种安宁、平静的画面意境，同时，水平线可以为画面增添一种横向延伸的形式感。水平线构图根据水平线位置的不同，可分为低水平线构图、中水平线构图和高水平线构图。

➤ 使用广角镜头加水平线构图的方法拍摄的画面，给人一种安宁、平静的感觉

【焦距：20 mm ┆ 光圈：f/22 ┆ 快门速度：8 s ┆ 感光度：ISO100】

低水平线构图

低水平线构图是指画面中主要水平线的位置在画面靠下1/4或1/5的位置。

采用这种水平线构图的原因是为了重点表现水平面以上部分的主体，当然在画面中安排出这样的面积，水平线以上的部分也必须具有值得重点表现的景象，例如，大面积的天空中漂亮的云层、冉冉升起的太阳等。

➤ 使用低水平线构图的方法拍摄，蓝天与云朵在画面中占据了较大的面积，给人一种心旷神怡的感觉

【焦距：28 mm ┆ 光圈：f/16 ┆ 快门速度：23 s ┆ 感光度：ISO100】

中水平线构图

中水平线构图指画面中的水平线居中，以上下对等的形式平分画面。

采用这种构图形式的原因，通常是为了拍摄到上下对称的画面，这种对象有可能是被拍摄对象自身具有上下对称的结构，但更多的情况是由于画面的下方水面能够完全倒映水面上方的景物，从而使画面具有平衡、对等的感觉。值得注意的是，中水平构图不是对称构图，不需要上下的景物一致。

➤ 采用中水平线构图拍摄，海面和天空在画面中的面积基本相同，都得到了较好的表现，但是画面略微显得有点儿呆板

【焦距：50 mm ┆ 光圈：f/16 ┆ 快门速度：8 s ┆ 感光度：ISO100】

高水平线构图

高水平线构图是指画面中主要水平线的位置在画面靠上 1/4 或 1/5 的位置。

高水平线构图与低水平线构图正好相反，主要表现的重点是水平线以下部分，如大面积的水面、地面，采用这种构图形式通常是由于画面中的水面、地面有精彩的倒影或丰富的纹理、图案等。

➤ 采用高水平线构图拍摄的画面中，海面占据了较大的面积，为了平衡构图，加入岩石作为前景，画面整体显得非常大气

【焦距：28 mm ┆ 光圈：f/16 ┆ 快门速度：5 s ┆ 感光度：ISO100】

垂直线构图

垂直线构图即通过构图手法使主体景物在画面中呈现为一条或多条垂直线。

垂直线构图通常给人一种高耸、向上、坚定、挺拔的感觉，所以经常用来表现向上生长的树木及其他竖向式的景物。在表现这种景物时，需要注意，要使用上下穿插直通到底的垂直线构图，让观赏者的视觉超出画面的范围，感觉到画面中的主体有无限延伸的感觉，这样就能够给人以形象高大、上下无限延伸的感觉。同时，照片顶上不应留有白边，否则观赏者在视觉上就会产生“到此为止”的感觉。

【焦距：18 mm ┆ 光圈：f/3.5 ┆ 快门速度：1/30 s ┆ 感光度：ISO400】

◀ 使用垂直线构图的方法拍摄树林，树木给人一种向上、挺拔的感觉，画面充满了韵律感

斜线构图、对角线构图

斜线构图能使画面产生动感，并沿着斜线的两端方向产生视觉延伸，加强了画面的纵深感。另外，斜线构图打破了与画面边框相平行的均衡形式，与其产生势差，从而使斜线部分在画面中被突出和强调。

拍摄时，摄影师可以根据实际情况，刻意将在视觉上需要被延伸或被强调的拍摄对象处理成为画面中的斜线元素加以呈现。

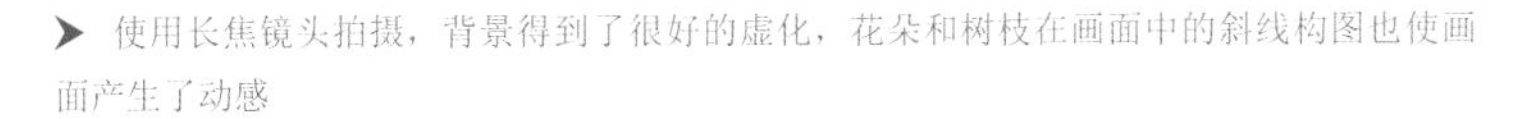

➤ 使用长焦镜头拍摄，背景得到了很好的虚化，花朵和树枝在画面中的斜线构图也使画面产生了动感

【焦距：135 mm ┆ 光圈：f/5.6 ┆ 快门速度：1/125 s ┆ 感光度：ISO400】

将被摄对象的线条走向置于画面对角线的位置上，这种构图方式可以使画面中被摄物具有明显的方向感的同时，能够增加画面的力量感与动感，特别适合于表现有延伸感的景物。

➤ 使用广角镜头拍摄大桥，将其表现得很有气势

【焦距：18 mm ┆ 光圈：f/20 ┆ 快门速度：20 s ┆ 感光度：ISO100】

S形构图

S 形构图即通过调整镜头的焦距、角度，使所拍摄的景物在画面中呈现 S 形曲线的构图手法。

S 形构图能够利用画面结构的纵深关系形成 S 形，因此其弯转、曲伸所形成的线条变化，能够使观者在视觉上感到趣味无穷，在视觉顺序上对观者的视线产生由近及远的引导，诱使观者按 S 形顺序深入到画面里，给风景增添圆润与柔滑的感觉，使画面充满动感和趣味性。这种构图常用于拍摄河流、蜿蜒的路径等题材。

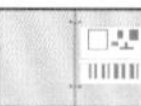
构图，该甩的甩，该要的要

【焦距：30 mm ┆ 光圈：f/9 ┆ 快门速度：1/250 s ┆ 感光度：ISO100】

▲ 使用俯视的角度拍摄，道路呈现出弯曲的 S 形，给人一种向前不断延伸发展的感觉，同时也赋予了画面一种形式美感

放射线构图

在大自然中可以找到许多表现为放射状的景象，如开屏的孔雀、芭蕉叶子的纹理、盛开的花朵等，在拍摄这些对象时，最佳构图方式莫过于利用其自身线条塑造放射线构图。

根据视觉倾向，放射线能够表现出两类不同的效果：一类是向心式的，即主体在中心位置，四周的景物或元素向中心汇聚；另一类是离心式的，即四周的景物或元素背离中心扩散开来。

向心式放射线构图能够将观者的视线引向中心，但同时产生向中心挤压的感觉；离心式放射线构图具有开放式构图的功效，能够使观者对于画面外部产生兴趣，同时使画面具有舒展、分裂、扩散的感觉。

【焦距：17 mm ┆ 光圈：f/4 ┆ 快门速度：1/100 s ┆ 感光度：ISO100】

▲ 使用小光圈拍摄出树林中放射的光束，放射线的构图方式使得画面充满活力和神秘感

对称式构图

对称式构图是指画面中两部分景物，以某一条线为轴，在大小、形状、距离和排列等方面相互平衡、对等的一种构图形式。

采用这种构图形式通常是表现拍摄对象上下（左右）对称的画面，这种对象可能自身就有上下（左右）对称的结构，现实生活中的许多事物具有对称的结构，如鸟巢、国家大剧院就属于自身结构是对称形式的，因此摄影中的对称构图实际上是对生活美的再现。还有一种是主体与水面或反光物体形成的对称，这样的照片给人一种协调、平静和秩序感。

【焦距：40 mm ┆ 光圈：f/16 ┆ 快门速度：1/50 s ┆ 感光度：ISO100】

▲ 使用中焦拍摄山峰时，利用水面的倒影形成了对称式构图，画面显得和谐且平静

框式构图

为了给一个影像增加深度和视觉趣味，可以用框架物如拱门、栅栏、窗框等作为画面的前景，为画面增加纵深感，这种前景不仅能够将观者的视线引向框内被拍摄的主体，而且给了观者强烈的现场感，使其感觉自己正置身其中，并通过框架观看场景。

另外，如果所选框架本身具有形式美感，也能够为画面增加美感，在拍摄时无论是将其处理成为剪影效果，还是以有细节的实体出现，均能在增强画面美感的同时，加强画面的立体感和深度，有时被处理成为剪影的框，还能够带给观者一种神秘感。

【焦距：30 mm ┆ 光圈：f/4 ┆ 快门速度：1/200 s ┆ 感光度：ISO100】

▲ 利用山洞的洞口作为框，拍摄洞外风光，形成了框式构图，突出了远处山峰，起到引导观者视线的作用

三角形构图

三角形形态能够带给人向上的突破感与稳定感，将其应用到构图中，会给画面带来稳定、安全、简洁、大气之感。在实际拍摄中会遇到多种三角形形式，如正三角形、倒三角形、侧三角形等。

正三角形构图

正三角形相对于倒三角形来讲更加稳定，带给人一种向上的力度感，在着重表现高大的三角形对象时，更能体现出其磅礴的气势，是拍摄山峰常用的构图手法。

【焦距：200 mm ┆光圈：f/6.3 ┆快门速度：1/500 s ┆感光度：ISO200】

▲ 使用长焦镜头拍摄，山峰在画面中呈现出正三角的形状，给人一种稳定、大气的感觉

倒三角形构图

倒三角形在构图应用中相对较为新颖，相比正三角形构图而言，倒三角形构图给人的感觉是稳定感不足，但更能体现出一种不稳定的张力，以及一种视觉与心理的压迫感。

【焦距：35 mm ┆光圈：f/13 ┆快门速度：1/400 s ┆感光度：ISO100】

▲ 摄影师以低角度拍摄交叉汇合的立交桥造型，使画面形成倒三角形构图，画面显得动感十足，非常有视觉张力

侧三角形构图

侧三角形构图在画面中可以形成势差的斜线，能够打破画面的平淡和静止状态，强调画面中产生势差的上方与下方的对比，从而在画面视觉中形成一种不稳定的动感趋势。

【焦距：70 mm ┆光圈：f/5.6 ┆快门速度：1/160 s ┆感光度：ISO100】

▲ 使用侧三角形构图的方法表现古建筑檐角，画面非常地引人注目

L形构图

L形构图即通过摄影手法，使画面中的主体景物的轮廓线条、影调明暗变化形成有形或无形的L形的构图手法。L形构图实质上属于边框式构图，即使原有的画面空间凝缩在摄影师安排的L形状构成的空白处，就是照片的趣味中心，这也使得观者在观看画面时，目光最容易注意这些地方。但值得注意的是，如果缺少了这个趣味中心，整个照片就会显得呆板、枯燥。

拍摄风光时运用这种L形构图，建议前景处安排影调较重的树木、建筑物等景物，然后在L形划分后的空白空间中，安排固有的景物，如太阳或等待运动物体，像移动的云朵、飞鸟等，成为趣味中心。

【焦距：85 mm ¦ 光圈：f/2.2 ¦ 快门速度：1/1 600 s ¦ 感光度：ISO100】

▲ L形构图使人物看起来不会很呆板，比较活泼

散点式构图

散点式（棋盘）构图就是以分散的点状形象构成画面。散点式构图就像一些珍珠散落在银盘里，整个画面上景物很多，但是以疏密相间、杂而不乱的状态排列着，既存在不同的形态，又统一在照片的背景中。散点式构图是拍摄群体性动物或植物时常用的构图手法，可以选择仰视和俯视两种拍摄视角，俯视拍摄一般表现花丛中的花朵，仰视拍摄一般表现鸟群。需要注意的是，这种分散的构图方式，极有可能因主体不明确，造成视觉分散而使画面表现力下降，因此在拍摄时要注意经营画面中“点”的各种组合关系，画面中的景物一定要多而不乱，才能寻找到景物的秩序感。

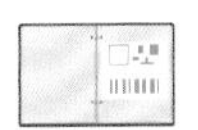

搞懂这一“点”，立刻出大片

【焦距：30 mm ¦ 光圈：f/4 ¦ 快门速度：1/800 s ¦ 感光度：ISO100】

▲ 使用广角镜头拍摄大面积的飞鸟，它们在画面中以点的形式出现，仔细的控制构图使前景中的小鸟出现疏密的渐变，从而达到平衡画面的目的

透视牵引线构图

透视牵引构图能将观者的视线及注意力有效牵引、聚集在整个画面中的某个点或某条线上，形成一个视觉中心。它不仅对视线具有引导作用，而且还可大大加强画面的视觉延伸性，增加画面的空间感。

画面中相交的透视线条所呈角度越大，画面的视觉空间效果则越显著。因此在拍摄时，摄影师所选择的镜头、拍摄角度等都会对画面透视效果产生相应的影响。例如，镜头视角越广越可以将前景尽可能多地纳入画面，从而加大画面最近处与最远处的差异对比，获得更大的画面空间深度。

跨越这条“线”，摄影菜鸟变高手

【焦距：21 mm ┆ 光圈：f/13 ┆ 快门速度：30 s ┆ 感光度：ISO100】

◀ 海面上的桥梁在广角镜头的作用下呈现出向远方汇聚的特点，增强了画面的空间感，同时也把观者的视线引向远方的主体

Chapter 11 认识光线

光线的性质

根据光线性质的不同，可将其分为硬光和软光。由于不同光质的光线所表现出的被摄体的质感不同，因此就可以获得不同的画面效果。

直射光、硬光

硬光通常是指由直射光形成的光线，这种光线直接照射到被摄物体上，具有明显的方向性，使被摄景物产生强烈的明暗反差和浓重的阴影，有明显的造型效果和光影效果，故而俗称“硬光”。拍摄岩石、山脉、建筑等题材时常选择硬光。

➤ 建筑物在侧面光线的照射下，在其表面形成了强烈的明暗反差，使得建筑物的立体感更加突出

【焦距：85 mm ┆ 光圈：f/5.6 ┆ 快门速度：1/400 s ┆ 感光度：ISO100】

不同时间段的光线对照片的影响

➤ 采用直射光拍摄照片，山脉的明暗对比非常强烈，在蓝天的衬托下，山体的质感被很好地表现出来

【焦距：40 mm ┆ 光圈：f/5 ┆ 快门速度：1/100 s ┆ 感光度：ISO100】

散射光、软光

软光是由散射光形成的光线，其特点是光质比较软，产生的阴影也比较柔和，画面成像细腻，明暗反差较小，非常适合表现物体的形状和色彩。

散射光比较常见，如经过云层或浓雾反射后的太阳光、阴天的光线、树荫下的光线、经过柔光板反射的闪光灯照射的光线等。散射光适合表现各种题材，拍摄人像、花卉、水流等题材时常选择散射光。

➤ 在柔和的散射光下拍摄花卉，将其质感与色彩很好地展现出来，花朵给人以娇嫩的感觉

【焦距：200 mm ┆ 光圈：f/2.8 ┆ 快门速度：1/1 600 s ┆ 感光度：ISO400】

【焦距：85 mm ┆ 光圈：f/1.8 ┆ 快门速度：1/1 000 s ┆ 感光度：ISO200】

◀ 散射光的光照效果非常柔和，画面中没有明显的阴影。在这种光照条件下，人物的皮肤也被表现得非常白皙、细腻，画面感觉清新、自然

不同方向光线的特点

顺光

顺光也叫作“正面光”，指光线的投射方向和拍摄方向相同的光线。在这样的光线照射下，被摄体受光均匀，景物没有大面积的阴影，色彩饱和度高，能表现出丰富的色彩效果。但由于没有明显的明暗反差，所以对于层次和立体感的表现较差。但使用顺光拍摄女性、儿童时，可以将其娇嫩的皮肤表现得很好。

➤ 利用顺光拍摄儿童，其脸上不会出现明显的明暗反差，因而能够将皮肤白皙、细腻的质感很好地表现出来

【焦距：200 mm ┆ 光圈：f/5.6 ┆ 快门速度：1/320 s ┆ 感光度：ISO320】

摄影会用光才是王道！

侧光

侧光是摄影中最常用的一种光线，侧光光线的投射方向与拍摄方向所形成的夹角大于 0° 而小于 90°。采用侧光拍摄时，被摄体的明暗反差、立体感、色彩还原、影调层次都有较好的表现。其中又以 45° 的侧光最符合人们的视觉习惯，因此是一种最常用的光位。侧光很适合表现山脉、建筑、人物的立体感。

➤ 采用低角度的侧光拍摄时，增强了海水与礁石的明暗反差，丰富了影调层次，从而使画面的视觉冲击力更强

【焦距：35 mm ┆ 光圈：f/8 ┆ 快门速度：1/2 s ┆ 感光度：ISO100】

前侧光

前侧光是指光线的投射方向与镜头的光轴方向呈水平45°左右的光线。在前侧光的照射下，被摄对象的整体影调较为明亮，但相对顺光光线照射而言，其亮度较低，被摄对象部分受光，且有少量的投影，对于其立体感的呈现较为有利，也有利于使被摄对象形成较好的明暗关系，并能较好地表现出其表面结构和纹理的质感。使用前侧光拍摄人像或风光时，可使画面看起来很有立体感。

➤ 采用前侧光拍摄人像，会使人物面部形成适当的明暗反差，起到增强模特面部立体感的作用，使其在画面中显得更加突出

【焦距：80 mm ┆ 光圈：f/5 ┆ 快门速度：1/400 s ┆ 感光度：ISO200】

逆光

逆光也叫作背光，即光线照射方向与拍摄方向正好相反，由于能勾勒出被摄体的亮度轮廓，所以又被称为轮廓光。逆光常用来表现人像（拍摄时通常需要补光）、山脉、建筑的剪影效果，采用这种光线拍摄有毛发或有半透明羽翼的昆虫时，能够形成好看的轮廓光，从而将被摄主体很好地衬托出来。

➤ 在逆光的照射下，对天空测光后，将海面上的船只呈现为剪影效果，从而使画面更加简洁、明朗

【焦距：200 mm ┆ 光圈：f/9 ┆ 快门速度：1/800 s ┆ 感光度：ISO100】

侧逆光

侧逆光是指光线的投射方向与镜头的光轴方向呈水平 135° 左右的光线。由于采用侧逆光拍摄时无须直视光源，因此摄影师可以集中精力考虑如何避免产生眩光，曝光控制也更容易一些，同时在侧逆光照射下形成的投影形态，也是画面构图的重要视觉元素之一。

投影的长短不仅可以表现时间概念，还可以强化空间立体感并均衡画面。在侧逆光的照射之下，景象往往会形成偏暗的影调效果，多用于强调被摄体外部轮廓的形态，同时也是表现物体立体感的理想光线。侧逆光常用来表现人物（拍摄时通常需要补光）、山脉、建筑等对象的轮廓。

最全的逆光人像拍摄技巧

➤ 采用侧逆光拍摄模特时，其头发边缘会呈现为半透明状，为了使模特的面部获得充足的光照，拍摄时使用了反光板为背光面进行补光，从而大大缩小了画面的光比，获得了柔和、唯美的画面效果

【焦距：135 mm ┆ 光圈：f/2.8 ┆ 快门速度：1/250 s ┆ 感光度：ISO100】

顶光

顶光是指照射光线来自于被摄体的上方，与拍摄方向成 90° ，是戏剧用光的一种，在摄影中单独使用的情况不多。尤其在拍摄人像时，会在被摄对象的眉弓、鼻底及下颌等处形成明显的阴影，不利于表现被摄人物的美感。但如果拍摄时光源并非在其正上方，而是偏离中轴一定的距离，则可以形成照亮头发的顶光，通过补光也可以拍摄出不错的人像作品。顶光还可用来表现树冠和圆形建筑的立体感。

➤ 海边遮阳伞在中午阳光的照射下，表现出垂直的阴影，画面展现出了海边天气的炎热

【焦距：18 mm ┆ 光圈：f/8 ┆ 快门速度：1/500 s ┆ 感光度：ISO160】

认识光比

光比指被摄物体受光面亮度与阴影面亮度的比值，是摄影的重要参数之一。如前所述，散射光照射下被摄体的明暗反差小，光照效果均匀，因此光比就小；而直射光照射下被摄体的明暗反差较大，因此光比就大。

➤ 在散射光条件下拍摄的人物脸部受光均匀，光比很小，皮肤显得细腻、光滑

【焦距：155 mm ┊ 光圈：f/2.8 ┊ 快门速度：1/2 000 s ┊ 感光度：ISO200】

恰当地在摄影中通过技术手段运用光比，可以为照片塑造不同的个性。例如，在拍摄人像时，运用大小光比，可有效地表达被摄体的“刚”与“柔”的特性。拍女性、儿童时常用小光比以展现“柔”的一面；拍男性时常用大光比以展现“刚”的一面。当然，也可以用大光比来拍摄女性，以强化人物性格或神秘感。

➤ 侧逆光的照射下，人物脸部受光面的亮度比背光面的亮度要高很多，呈现出极强的立体感，长焦镜头的使用也使模特的身材得到了很好的表现

【焦距：120 mm ┊ 光圈：f/4.5 ┊ 快门速度：1/60 s ┊ 感光度：ISO200】

光的颜色和色温

物理学家发明“色温”一词，是为了科学衡量不同光源中的光谱颜色成分，其单位为“K”。一些常用光源的色温如下：标准烛光的色温为 1 930 K；钨丝灯的色温为 2 760~2 900 K；荧光灯的色温为 3 000 K；闪光灯的色温为 3 800 K；中午阳光的色温为 5 400 K；电子闪光灯的色温为 6 000 K；蓝天的色温为 12 000~18 000 K。

色温越低，则光源中的红色成分越多，通常被称为“暖光”；色温越高，则光源中的蓝色成分越多，通常被称为“冷光”。

了解色温的意义在于，我们可以通过在相机中自定义设置色温值，以获得色调不同的照片。通常，当自定义设置的色温值和光源色温一致时，则能获得准确的色彩还原效果；若设置的色温值高于光源色温时，则照片偏橙色；若设置的色温值低于光源色温时，则照片偏蓝色。

【焦距：200 mm ┆ 光圈：f/7.1 ┆ 快门速度：1/1 250 s ┆ 感光度：ISO100】

▲ 傍晚时分色温较低，拍摄的画面会带有浓浓的暖意，呈现为橙红色

【焦距：24 mm ┆ 光圈：f/13 ┆ 快门速度：1/1 250 s ┆ 感光度：ISO100】

▲ 中午时分的色温较高，此时拍摄的画面会呈现出冷色调，渲染出宁静的气氛

光线与影调

简洁素雅的高调

在拍摄高调照片时，通常大量运用明黄、白、灰、淡蓝等浅色组成画面。高调照片的画面干净，给人以明快、清透、悦目的视觉感受。

高调照片绝不是曝光过度的照片，它仍然处于合理的曝光范围内。拍摄这类照片应该运用“白加黑减”的法则，即在正常曝光的基础上向上增加一挡或半挡曝光。

另外，由于数码相机感光元件的宽容度有限，在拍摄此类场景时一定要进行精确测光（可以优先使用平均测光方式），否则照片极易出现过曝或发灰的情况。

在构图方面，可以采取在大面积的高调画面中点缀小面积的深色影调的手法调和画面，这实际上就是颜色协调理论中对比色的具体应用。

➤ 拍摄高调照片时，采用白色的背景，模特穿着浅色的服装，并且尽量缩小光比使光线柔和，适当使用鲜艳的色彩作为点缀，使画面更加丰富、耐看

【焦距：85 mm ┆ 光圈：f/2.8 ┆ 快门速度：1/640 s ┆ 感光度：ISO100】

◀ 以人物作为曝光依据，背景由于曝光略微过度，画面给人以明快的感觉

【焦距：30 mm ┆ 光圈：f/7.1 ┆ 快门速度：1/125 s ┆ 感光度：ISO125】

神秘灰暗的低调

低调画面即以大面积的深色调与小面积的浅色调相对比形成的画面影调。高调画面中虽然深的和暗的色调占绝大部分面积，却以小面积浅的和亮的部分为画面的中心和重点，往往表现出肃穆、神秘、忧郁等感情色彩，适合表现重工业及环境中深色调多的题材。

低调照片不是曝光不足的照片，虽然画面被大面积的暗部所占据，但暗部的层次仍然存在，而不是“一片漆黑”。根据“白加黑减”规律，在拍摄时应该在正常曝光值的基础上降低一挡曝光。

在拍摄低调照片时，注意这样的照片要存在亮的色调，以使整个画面有生气，通常低调照片中大面积的暗调是为了映衬这些亮调而存在的。

低调人像拍摄技巧

【焦距：焦距：200 mm ┆ 光圈：f/3.2 ┆ 快门速度：1/100 s ┆ 感光度：ISO100】

➤ 使用点测光的方法对人物脸部准确测光，使面部得到正确还原，黑色的背景与衣服表现出低调的画面效果，结合模特的表情神态，烘托出神秘的画面气氛

Chapter 12 美女与儿童摄影

人像摄影的构图技巧

用虚化的前景融合人像与环境

在拍摄人像时，由于画面处理不当，前景常会干扰人物主体的呈现，分散观者的注意力，从而使得画面主题表达不明确。这时，摄影师可以考虑通过一些拍摄手法将前景虚化，使得前景处的景物呈模糊状，这样不仅不会干扰画面主体人物的表现，还可以制造出虚实有度的画面节奏感，为画面烘托气氛、渲染意境。

你与唯美人像间只差一个前景

【焦距：135 mm ┆ 光圈：f/2.8 ┆ 快门速度：1/640 s ┆ 感光度：ISO100】

▲ 使用长焦镜头虚化了画面中的前景，增强了画面的空间感，同时也使人物很好地融入到环境中去

用前景烘托主体，渲染气氛

利用前景虚化来衬托场景、突出主体也是一种非常重要的表现形式。与背景虚化相仿，同样可以采取虚化的方式将前景进行模糊，将前景贴近或靠近镜头，使用大光圈将前景虚化的方式不但可以突出主体，还可以使画面变得更加梦幻、柔美。

此外，可以充分利用前景物体作为框架，形成框式构图，这种构图方法能够使画面的景物层次更丰富，加强了画面的空间感，还能够装饰和美化画面，增强画面的形式美感。

在具体拍摄时，常常可以考虑用窗、门、树枝、阴影、手等来为被摄体制作“画框”，拍摄后得到“犹抱琵琶半遮面”的意境。

【焦距：100 mm ┆ 光圈：f/3.5 ┆ 快门速度：1/125 s ┆ 感光度：ISO100】

▲ 前景处虚化的向日葵花形成了框架，在美化画面的同时还起到了凸显人物的作用

通过空白画面体现意境

在画面语言表达中有“计白当黑”的说法，摄影画面中也是如此。虽然留白没有具体的形象，但是在画面中却是不可或缺的，它会使得画面在视觉上更加舒适自然，摄影师可以利用留白更好地控制画面节奏与情绪，烘托意境，给观者留下更大的想象空间，使得观者的视点留在画面之内而情感却游离于画面之外，使画面呈现出独特的意境。

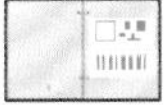

【焦距：50 mm ┆ 光圈：f/7.1 ┆ 快门速度：1/640 s ┆ 感光度：ISO200】

▲ 摄影师在画面中纳入大面积天空形成了留白，既展现了环境，又使画面显得更有意境

用S形表现女性的曲线美

S 形构图是曲线构图的最基本形式。当画面主要轮廓线基本呈 S 形时，就构成了 S 形构图。它不仅适合表现自然景观的起伏变化，也适合表现人体或物体的曲线，尤其对于女性的优美线条最具表现力。

在拍摄女性时，曲线的运用往往更能体现身体线条的美感，更能使人产生遐想和灵感。它给人一种生动活泼和包含韵律的视觉效果。

【焦距：50 mm ┆ 光圈：f/1.8 ┆ 快门速度：1/400 s ┆ 感光度：ISO100】

▲ 模特轻扭身体，很好地表现出了腰、臀的曲线，从而创造出更加流畅的线条感

人像摄影用光技巧

运用柔和的阴天光营造温婉氛围

对于人像摄影，尤其是拍美女，阴天可以算是一个理想的拍摄天气。阴天时，强烈的阳光在传播的过程中发生了散射，使其不再强烈和生硬，而变得温婉、柔和，在这种光线条件下拍摄的人像照片，人物皮肤多呈现出细腻而柔和的质感。

阴影处反射的光线和阴天的光线虽然都拥有柔和的特性，但是相比之下阴天的光线更加明亮，同时，由于反射光量要远比阴影处的光量多，也更加柔和，所以阴天的光线更受到人像摄影师的喜爱。此外，早上十点前或下午四点后的光线，由于类似于阴天的光线，因此也较为适合拍摄人像。

【焦距：200 mm ┆ 光圈：f/3.2 ┆ 快门速度：1/400 s ┆ 感光度：ISO100】

➤ 在阴天时拍摄人像，柔和的散射光使人物面部明暗反差缩小，画面看起来更加柔美

控制好漂亮的眼神光

拍摄人像时，摄影师大多专注于模特的表情、姿态、服饰与环境，力求将这几方面处理得完美无瑕，不过，即使以上几方面都很到位的照片，如果忽略了眼神光，仍会使画面显得沉闷。

特别是对眼睛比较大的模特而言，如果没有拍摄到眼神光，会使其眼睛显得呆板、无神，漂亮、恰当的眼神光则是画面的点睛之笔。

获得眼神光的方法有很多，如在户外拍摄时，可以通过让人物眼睛观看较明亮的区域来获得。而在室内拍摄时，通过在适当位置添加光源点，也可以获得漂亮的眼神光。光源的尺寸越大，或光源与模特的距离越近，眼神光就会越明显，但要考虑眼神光的大小与脸部面积的匹配。如果在一个较昏暗的空间，让模特向窗外亮处看，就能够轻松获得最真实、自然的眼神光。

在使用闪光灯充当光源点时，其位置要离模特远一些，不能影响到拍摄场景已经设置好的光线环境。相对于闪光灯而言，使用地灯则更容易获得理想的眼神光。

看模特摆姿是否合适的10个要点

【焦距：35 mm ¦ 光圈：f/2.8 ¦ 快门速度：1/320 s ¦ 感光度：ISO100】

使用反光板给人物补光，消减了人物面部的阴影，同时也获得了漂亮的眼神光

用窗户光拍摄人像

窗外光线是一种很常见的光线，利用在人像摄影中，也是非常容易拍摄出自然性和现场感极佳的光线。

窗外光线的方向性是令人挠头的问题，因为我们无法改变窗外光线的方向，因此必须通过改变拍摄角度、控制光线进入的通光量和辅助光源补光的配合使用，来完成窗外光线的拍摄。

例如，若模特正面对向窗户，从外面拍摄就会出现顺光，而模特侧面对向窗户，就会出现侧光，同样，想要拍摄逆光效果，可以从室内拍摄，模特背向窗户。但需要注意考虑室外光源的方向，根据实际情况控制光源的方向。

利用窗户倒影拍摄或虚或实影像

有玻璃的窗户是反光物体，站在窗户旁边，如果光线合适，在窗户的玻璃上会出现人物的影像，倘若加以利用，将其纳入画面，不但可以使画面内容更丰富，虚虚实实的对称效果还可以使画面更耐人寻味。

如果背对窗户，还可以透过窗户看到室外景色，室内景色与室外景色合一，留在半透明的窗户上，以标新立异的构图形成独特的影像效果，使画面更具吸引力，增强作品看点。

人像摄影构图不要犯的错误

人像摄影的20个构图技巧

【焦距：60 mm ┆ 光圈：f/2.8 ┆ 快门速度：1/100 s ┆ 感光度：ISO500】

▲ 使用窗户光作为主光拍摄人像时，由于光线较弱，所以使用了较大的光圈和较高的感光度，人物皮肤获得了适当的曝光而显得光滑、细腻

【焦距：35 mm ┆ 光圈：f/2.5 ┆ 快门速度：1/100 s ┆ 感光度：ISO200】

▲ 镜子是拍摄对称构图最常用的道具，拍摄时大可不必追求严格的对称，稍有变化的对称构图会更耐人寻味，另外，需要注意对焦点应在人物主体上，而不是镜子中

利用窗帘改变窗外光线通光量

众所周知，太阳东升西落，早中晚的光线各有不同，表现的效果也不同，在室内拍摄时，也需考虑到光线的强弱、方向的变化问题。

例如，中午光线最强烈的时候，如果仍在窗边拍摄，很容易会造成曝光过度，亮部或暗部缺少细节等问题。这时候可以通过窗帘的打开程度来控制窗外光线进入的多少，甚至还可以形成独特的光线效果，增加画面的视觉吸引力。

【焦距：35 mm ┆ 光圈：f/3.5 ┆ 快门速度：1/50 s ┆ 感光度：ISO100】

➤ 在拍摄时利用窗帘来控制光线的强弱，开启一半窗帘使得光线正好照在模特身上，不仅起到引导观者视线的作用，同时这样的局域光也渲染出温馨、朦胧的画面气氛

利用窗帘为光线做柔化效果

像柔美的纱帘、细腻的丝绸帘等通光效果良好的窗帘都可以作为“柔光罩”，为画面做柔化，当光线强烈或较强烈时，将窗帘都拉上，柔和的光线照进屋内，一个天然的柔光罩不但可以增加画面气氛，还可以使人物皮肤更细腻。值得注意的是，通光量不强的窗帘不适宜用此方法拍摄。

利用道具来烘托人像

【焦距：35 mm ┆ 光圈：f/2.8 ┆ 快门速度：1/100 s ┆ 感光度：ISO100】

➤ 拍摄带有白色窗帘的室内人像时，白色窗帘使光线变得更加柔和，人物的皮肤也显得更加剔透

儿童摄影师的基本功

选用进可攻、退可守的变焦镜头

对儿童摄影来说，儿童的表情、动作等都是不可预测的，尤其在户外拍摄时，儿童的动作、丰富的表情等都是很好的拍摄题材。因此，一只等效焦距为 24 ～ 85 mm 的变焦镜头是最佳的选择，如果与孩子还不太熟悉，也可以采用更长焦距的镜头，以便在离孩子较远的情况下进行拍摄，避免由于镜头离孩子过近而造成孩子表情不自然、动作放不开等问题的出现。

【焦距：200 mm ┆ 光圈：f/3.2 ┆ 快门速度：1/320 s ┆ 感光度：ISO100】

【焦距：70 mm ┆ 光圈：f/3.2 ┆ 快门速度：1/500 s ┆ 感光度：ISO100】

◀ 使用变焦镜头可以更加轻松自如地拍摄不同景别的儿童照片，使用镜头的长焦端不仅可以拍摄到特写画面，而且可以避免因镜头距离孩子太近而使其拘谨

更高的快门速度及连拍设置

由于孩子不像大人那样容易沟通，而且其动作也是不可预测的，因此在拍摄时，应选择高速快门、连拍方式及连续伺服自动对焦模式进行拍摄，以保证在儿童突然动起来或要抓拍精彩瞬间时，也能够成功、连贯地进行拍摄。

对相机本身来说，要提高快门速度，除了增大光圈以外，就是提高感光度了，但为了保证拍摄出的画面中儿童的皮肤较为柔滑、细腻，就不能使用太高的感光度设置。因此，摄影师需要综合考虑这两个因素，设置一个较为合适的感光度数值。

【焦距：200 mm ┆ 光圈：f/5.6 ┆ 快门速度：1/1 000 s ┆ 感光度：ISO100】

▲ 拍摄儿童时，因为他们的动作变换很快，所以使用 1/1 000 s 的快门速度抓拍到小朋友在沙滩上玩耍的精彩瞬间

儿童摄影的技巧

拍出柔嫩皮肤的2个技巧

适当增加曝光补偿

在拍摄儿童照片时，在正常测光数值的基础上适当增加 1/3～ 1 挡曝光补偿，以适当提亮整个画面，使儿童的皮肤看上去更加粉嫩、白皙。

➤ 使用光圈优先模式虚化背景的同时增加了 1/3 挡曝光补偿，小朋友的皮肤显得更加白净、透亮

【焦距：200 mm ┆ 光圈：f/3.2 ┆ 快门速度：1/250 s ┆ 感光度：ISO100】

散射光下拍摄

散射光通常是指在室外阴天或没有太阳直射的光线。在这样的光线下拍摄儿童，不会出现光比较强的情况，且无浓重阴影，儿童的皮肤看起来也更加柔和、细腻。

➤ 使用长焦镜头在散射光条件下拍摄，儿童的皮肤在虚化的背景前显得更加细腻

【焦距：135 mm ┆ 光圈：f/2.8 ┆ 快门速度：1/400 s ┆ 感光度：ISO100】

以顺其自然为总则

儿童是自由的天使，他们的一颦一笑，一举一动都是天真、自然的流露，不要以为只有拍摄喜剧效果才会感人，更不要指挥儿童按照大人的想法摆姿势，除了专业的模特外，一般成人也很难摆出标准的摄影姿势。多拍摄一些儿童吃饭、睡觉、哭泣或玩耍中的照片，不仅是成长的记录，也是真实的体现。

16种儿童写真经典构图与摆姿

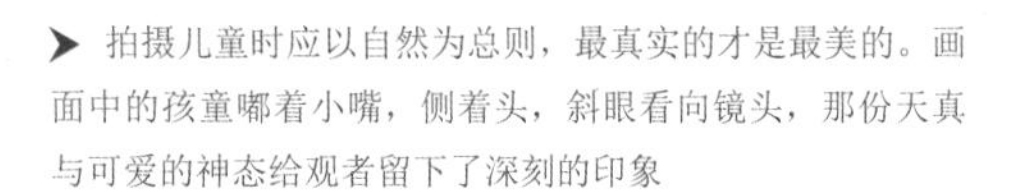

➤ 拍摄儿童时应以自然为总则，最真实的才是最美的。画面中的孩童嘟着小嘴，侧着头，斜眼看向镜头，那份天真与可爱的神态给观者留下了深刻的印象

【焦距：200 mm ┆ 光圈：f/3.2 ┆ 快门速度：1/640 s ┆ 感光度：ISO100】

玩具是孩子的最爱

玩具可以说是拍摄儿童题材时必不可少的道具之一，因此在拍摄时不妨准备一些有针对性的玩具。如男孩子喜欢的枪、汽车、变形金刚等，以及女孩子喜欢的大熊、各种毛绒玩具等。

在家中拍摄儿童时，不需要太刻意准备这种玩具类的道具，生活中随意的一些东西，只要符合孩子们的兴趣，都可以成为道具，拍摄出来的照片也更有意思。这样的道具并不一定很复杂，很简单的道具甚至是自己动手制作的道具，往往也能够获得比较好的效果。

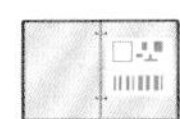

10个创意儿童摄影技巧

【焦距：100 mm ┆ 光圈：f/2.8 ┆ 快门速度：1/400 s ┆ 感光度：ISO100】

➤ 小朋友在拍了几张图片后就表现出不耐烦的情绪，给她一些玩具后，她的表情马上就变好了，利用这个时间拍摄到这张自然生动的儿童摄影图片

佳片欣赏与分析5

【焦距：50 mm ┆ 光圈：f/2.8 ┆ 快门速度：1/800 s ┆ 感光度：ISO200】

佳作分析：该作品的美感源于对前景、背景及光线的把握。前景的泡泡及背景的人群、街道、建筑物，配合温暖的逆光，再加上正面的补光，产生了一幅唯美的景象。稍稍调高色温，令画面偏暖，并运用后期使画面有一种电影般的质感。虽然使用了中心构图，但大大小小、位置错落有致的泡泡，以及背景人群的视线令画面非但不会死板，反而给观者以“你就是世界中心”的视觉感受。

拍摄技法解析：虽说人像摄影最重要的是控制景深，但该幅作品为了能够记录下泡泡爆裂的瞬间作为画面的亮点，因此需要较高的快门速度，如 1/800 s，并采用高速连拍模式。其次则通过大光圈来控制景深，为了使背景的人群和前景的泡泡不影响主体的表达，因此选用的光圈为 f/2.8。确定了光圈和快门速度后，无法达到正常曝光，因此提高感光度至 ISO200。

值得一提的是，该作品需要对人物的侧面进行补光，否则在逆光拍摄的情况下，无法达到该幅作品的亮度，使用反光板即可。

佳片欣赏与分析6

【焦距：135 mm ¦ 光圈：f/2.8 ¦ 快门速度：1/640 s ¦ 感光度：ISO200】

佳作分析：孩子的神态是这幅作品成功的关键。初看画面的主体有些过于偏左，但右侧喷射而出的水花则均衡了画面，而有些过于偏左的主体反而让这张充满动感的画面更具视觉冲击力。通过侧逆光为画面染上了金黄色，增添了不少温馨感。

拍摄技法解析：该幅作品的核心拍摄技法是高速连拍和连续对焦。为了能够抓住孩子最精彩的瞬间，高速连拍模式是必须的。同时画面中的孩子是在不断地移动过程中，因此对焦模式需要使用连续对焦。在曝光组合方面，为了可以得到漂亮的虚化光斑，尽量使用较大的光圈进行拍摄，这里使用的是 f/2.8，而快门速度则使用 1/640 s 来凝固运动的画面，为了保证画面曝光正常，提高感光度至 ISO200。

佳片欣赏与分析7

【焦距：85 mm ┆ 光圈：f/1.8 ┆ 快门速度：1/640 s ┆ 感光度：ISO100】

佳作分析：唯美的妆容、精致的装饰，漂亮的虚化效果及日落时低角度的光线是这幅作品成功的四个关键点。精致的头饰、妆容、服装为使照片呈现仙女即视感打下了基础，再利用日落前最佳的人像拍摄光线营造浪漫、唯美的视觉感受。长焦配合大光圈形成虚化效果，增添几分梦幻感。

拍摄技法解析：这里需要强调下，一张优秀的人像作品除了需要利用拍摄技术去提升画面美感外，前期的化妆、道具、服装也十分关键。该幅作品为了获得绝佳的虚化效果，使用了长焦 85 mm 配合 f/1.8 的大光圈进行拍摄，对焦点准确选择在模特的眼部。在用光方面，通过自然光形成的高位侧逆光，令模特面部正常曝光，并且头发部分出现了轮廓光，再于画面右侧布置反光板进行补光，从而使模特面部整体有高光部分的同时，明暗过渡自然、匀称。

佳片欣赏与分析8

【焦距：200 mm ┆ 光圈：f/8 ┆ 快门速度：1/160 s ┆ 感光度：ISO100】

佳作分析：该幅作品是一张典型的创意时尚人像摄影。该类人像摄影是以模特妆容、服饰设计的时尚感作为主要表达对象。如这幅作品就是通过银粉妆容作为时尚点，通过对眼部、嘴唇、脖颈的妆容设计来传达视觉美感。而为了突出主要表现的眼妆，摄影师通过切割的方式，只拍摄面部的一半，并采用三分线构图法，将眼妆部分布置于画面的右侧 1/3 处。同时模特手部摆放位置则有效防止画面出现失重感。

拍摄技法解析：该幅作品是在室内通过影室闪光灯拍摄的，分别在模特左侧和右前侧布光，下方使用反光板补光。景别属于特写照片，因此建议使用长焦进行拍摄，否则人物面部会产生明显畸变，此幅照片采用 200 mm 焦距进行拍摄。由于使用的是影室闪光灯拍摄，所以快门速度只要不超过闪光灯最高引闪速度即可，该作品使用 1/160 s。光圈的大小根据摄影师希望背景虚化的程度而定，这里选择 f/8 进行拍摄，如果画面曝光异常，通过闪光灯输出功率即可调整曝光。为了保证画质，感光度选择为 ISO100。

Chapter 13

建筑与城市夜景摄影

寻找建筑的气势与凝固的美感

展现建筑全局与关注局部

许多建筑物在观看整体时能够感受到其气势，而欣赏细节时又能够感觉到其精致，这就是为什么建筑被称为凝固的艺术的原因，因此在拍摄时要注意从全局与局部两个角度分别拍摄。

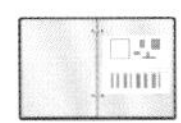

看到、拍到古建筑之美

【焦距：72 mm ┆ 光圈：f/8 ┆ 快门速度：1/125 s ┆ 感光度：ISO100】

➤ 使用广角镜头拍摄建筑整体，把周围环境也纳入画面，突出表现了建筑的整体艺术美感

【焦距：200 mm ┆ 光圈：f/11 ┆ 快门速度：1/640 s ┆ 感光度：ISO100】

◀ 截取建筑的局部进行拍摄，建筑精细的纹样、绚丽的色彩在蓝天的衬托下充满了艺术气息与古典美，从局部即可联想到整个建筑的精美，给观者留下了想象的空间

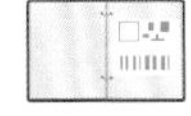

建筑摄影必学的7种手法

展现建筑本身和水面投影的对称性

对称式构图在建筑摄影中运用得非常频繁。大多数建筑在建造之初，就充分地考虑了左右对称，因为对称的建筑更加平衡和稳定，而且对称的建筑在视觉上也给人一种整齐的感觉。例如，中国传统的宫殿建筑、民居，大多数都是对称式的。

在构图时，要注意在画面中安排左右对称的元素。利用对称式构图拍摄的建筑整齐、庄重、平衡、稳定，可以烘托建筑的恢宏气势，尤其适合表现建筑横向的规模。但也有摄影家在拍摄时，会有意去避免完全对称的画面，而在一侧适当地安排前景或其他元素，以避免画面过于呆板。

还有另一种特殊的对称构图，即不是表现建筑物本身的对称，而是选择在有水面的地方拍摄建筑，水上的建筑和水下的倒影形成了一组对称。如果此时水面正好有涟漪，则水上的实景和水下随风飘动的倒影会形成鲜明的对比效果。

拍摄对称式的建筑，要注意取景时画面的水平位置是否正确，倾斜的水平线会影响拍摄的效果。近年有不少中高端数码单反相机都具有内置电子水准仪（佳能）/ 虚拟水平（尼康）功能，在拍摄时不妨尝试使用。例如，佳能 EOS 80D 和尼康 D7200 都具备这种功能。

教你用镜像摄影拍出整个世界

【焦距：16 mm ¦ 光圈：f/22 ¦ 快门速度：30 s ¦ 感光度：ISO200】

◀ 水边的建筑及周边景物在水面上形成的倒影与实物相映成趣，融为一体，使画面瞬间变得丰富多彩起来，显得美妙绝伦

合理安排线条，使画面有强烈的透视感

如果想要表现建筑的纵深感，可以拍摄建筑的走廊或廊柱等具有汇聚性线条的结构，拍摄时采用线条透视构图的方式进行拍摄，使建筑向中心汇聚，最终消失在一个点上，从而使画面形成很强的视觉冲击力。如果在拍摄时使用广角镜头，则可以更好地夸张表现这种透视感与纵深感。要拍摄出这样的作品，应该寻找室内空间较大的博物馆、车站、地下通道、地铁站等场景。

十大建筑拍摄技巧

【焦距：22 mm ┆ 光圈：f/8 ┆ 快门速度：1.6 s ┆ 感光度：ISO100】

▲ 以垂直的角度仰视拍摄玻璃质感的摩天大楼，画面中迅速收缩的线条呈现出强烈的透视效果，从而扩展了画面的空间

拍摄繁华的城市夜景

选好拍摄夜景的时间

在拍摄夜景时，时间上最适宜选择天色将暗时拍摄。这一时间段里天空饱和度较高，夜幕下的物体还依稀可见，加上夜晚初亮的灯光，会得到较理想的画面。运气好的话天边还会出现日落时没有消散的霞光。但是，这一时间段极短，大约只有 20 min 的时间，所以需要提前找好拍摄地点并做好准备工作。

➤ 选择在太阳刚刚下山时拍摄城市夜景，这时不仅灯光已经亮起，而且天空还呈现出深蓝色调，因而使灯光与蓝天形成色彩上的冷暖对比，增添了夜景的视觉冲击力，画面更加吸引观者的目光

【焦距：22 mm ┆ 光圈：f/9 ┆ 快门速度：1/60 s ┆ 感光度：ISO100】

使用尽可能低的感光度以避免产生噪点

拍摄夜景时，由于光线不足，因此在相同的感光度设置下，与白天等光线充足时相比更容易产生噪点。为获得高质量的画面效果，应尽可能采用较低的感光度（常用感光度为 ISO100 ～ ISO200），从而尽量减少画面上的噪点——即使以相同的感光度进行拍摄，夜景也要比白天拍摄时的噪点多。

➤ 使用三脚架配合拍摄夜景，减少了高感光度带来的噪点问题，画质更加突出

【焦距：16 mm ┆ 光圈：f/9 ┆ 快门速度：15 s ┆ 感光度：ISO100】

使用小光圈拍摄路灯，营造点点星光

夜晚用来照明的路灯，或用来装饰点缀的霓虹灯，散发出色温偏低的橘色光亮，在其映射之下整个地面景象都沉浸在暖色调之中，与天空中低色温的偏蓝冷色调形成了鲜明对比。与此同时，使用较小光圈设置或在镜头前加装星光镜进行拍摄，可以拍出大景深熠熠星光的效果。

拍摄夜景点点星光的操作步骤如下。

❶ 将相机安装在三脚架上，并确认相机稳定且处于水平状态。

❷ 调整相机的焦距及脚架的高度等，对画面进行构图（此过程中，可以半按快门进行对焦，以清晰观察取景器中的影像）。

❸ 通常选择光圈优先模式并设置大概为f/13~f/22的光圈值，以保证足够的景深，且这样的小光圈可以帮助我们将画面中的点光源表现成为星芒效果。

❹ 通常，设置感光度数值为最低感光度ISO100（少数中高端相机也支持感光度ISO50的设置），以保证成像质量。

❺ 将测光模式设置为矩阵（尼康）/评价（佳能）测光模式。

❻ 如要真实还原场景中的色彩，使用“自动”白平衡即可；反之，则可以尝试“荧光灯”“阴影”等白平衡模式，以得到不同的色彩效果。

❼ 半按快门对建筑进行对焦——对亮部进行对焦更容易成功，而死黑或死白等单色影像则不容易成功对焦。

❽ 确认对焦正确后，按下快门完成拍摄（为避免手按快门时产生震动，推荐使用快门线或遥控器来控制拍摄）。

【焦距：58 mm ¦ 光圈：f/14 ¦ 快门速度：125 s ¦ 感光度：ISO200】

▲ 使用三脚架和小光圈拍摄的夜景中，路灯呈现出漂亮的星芒效果，给人一种很梦幻的感觉

使用低速快门拍摄美丽的光轨

在城市的夜晚，灯光是主要光源，各式各样的灯光可以顷刻间将城市变得绚烂多彩。疾驰而过的汽车所留下的尾灯痕迹，显示出了都市的节奏和活力。

根据不同的快门速度，可以将车灯表现出不同的效果。长达几秒甚至几十秒的曝光时间，能够使流动的车灯形成一条长长的轨迹。稳定的三脚架是夜景拍摄重要的附件之一。为了防止按动快门时的抖动，可以使用两秒自拍或快门线来触发快门。

拍摄地点除了地面外，还可找寻天桥、高楼等地方以高角度进行拍摄。天桥虽然是一个很好的拍摄地点，但是拍摄过程中经常会受到车流和行人所引起的震动的影响。如果所使用的三脚架不够结实，可以在支架中心坠一些重的东西（如石头或沙袋等），在三脚架的支脚处压些石头或用帐篷钉固定支脚。

在摄影包里装一些橡皮筋，在曝光过程中将相机背带、快门线绑到三脚架上，以免它们飘荡在空中，发生遮挡镜头的情况。

光圈的变换使用也是夜景摄影中常用的技法。大光圈可以使景深变小，使画面显得紧凑，并产生朦胧的效果，用以增强环境的气氛；小光圈可以使灯光星光化。

如何拍出漂亮的夜景车轨照片

【焦距：30 mm ┆ 光圈：f/6.3 ┆ 快门速度：10 s ┆ 感光度：ISO100】

▲ 使用三脚架拍摄夜景时，较低的快门速度不会使所摄画面模糊，运动中的汽车还在画面中形成迷人的光轨

拍摄光轨效果的操作步骤如下。

❶ 将相机安装在三脚架上，并确认相机稳定且处于水平状态。

❷ 调整相机的焦距及脚架的高度等，对画面进行构图（此过程中，可以半按快门进行对焦，以清晰观察取景器中的影像）。

❸ 选择快门优先曝光模式，并根据需要，将快门速度设置为 30 s 以内的数值（如果要使用超出 30 s 的快门速度进行拍摄，则需要使用 B 门）。

❹ 通常设置感光度数值为最低感光度 ISO100（少数中高端相机也支持感光度 ISO50 的设置），以保证成像质量。

❺ 将测光模式设置为矩阵（尼康）/ 评价（佳能）测光模式。

❻ 半按快门对光轨进行对焦（对亮部进行对焦更容易成功，而死黑或死白等单色影像则不容易成功对焦）。

❼ 确认对焦正确后，按下快门完成拍摄（为避免手按快门时产生震动，推荐使用快门线或遥控器来控制拍摄）。

佳片欣赏与分析9

【焦距：30 mm ┆ 光圈：f/16 ┆ 快门速度：12 s ┆ 感光度：ISO100】

佳作分析：这幅车轨作品的亮点在于画面色彩饱满，色调呈电影风格，并且合理利用了广角镜头的透视畸变，画面给观者的视觉冲击力较强。在机位选择方面，拍摄者降低相机的高度，并在保证安全的情况下尽量靠近路边，突出了大型客车光轨在垂直线上的层次，从而使这幅作品的光轨有一种立体感。电话亭作为陪体既平衡了画面，又增添了几分情调。

拍摄技法解析：该幅作品的核心技法在于慢门拍摄。通过使用慢速快门，使车灯在画面中拉出线条状的光轨，该作品使用的快门速度就长达 12 s。然后根据快门速度选择合适的光圈进行试拍，确保画面中背景及光轨的亮度比较合适。因为光轨拍摄不需要提高快门速度，所以感光度设置为 ISO100 即可。

值得一提的是对焦方法。为了得到最优的效果，光轨摄影一般需要在同一机位多次拍摄，如果对焦模式为自动对焦，则在每次拍摄前都要进行对焦；对焦正确还好，一旦对焦到背景上，或者无法合焦就会失去很多获得好照片的机会。因此，在拍摄前就对一个参照物进行对焦，然后将对焦调整为手动状态，这样在拍摄过程中就不用考虑对焦的问题了，按快门直到拍摄出满意的照片即可。

佳片欣赏与分析10

【焦距：120 mm ┆ 光圈：f/6.3 ┆ 快门速度：1/200 s ┆ 感光度：ISO100】

佳作分析：这是一幅中低调城市摄影作品，没有高光，也没有明显的阴影，画面给观者一种平静、自然的视觉感受。色彩方面也为了突出这种平静与自然，色彩饱和度较低，并没有像大多数照片那样突出红色霞光与蓝色天空的对比，而是采用了温和处理手法。构图采用典型的三分线构图法。将城市置于下 1/3 处，2/3 的天空提供空间感，给人以稳健、扎实的心理感受，展现了城市宁静、平和的一面。

拍摄技法解析：该幅作品的拍摄技法可总结为四个字——横、平、竖、直。此类体现城市平静、自然的照片，并不需要斜线的动感，抑或曲线的委婉，需要的是极其精确、严谨的构图。该照片的水平线可以用尺子去量，基本上平行于画面边框。垂直线上，画面正中的高楼十分精确地处在画面中分线上，并且基本上垂直，正是因为这种严格的精确，才使这幅作品给观者带来一定的视觉美感。

佳片欣赏与分析11

【焦距：24 mm ┆ 光圈：f/8 ┆ 快门速度：1/100 s ┆ 感光度：ISO100】

佳作分析：该作品的亮点在于突出建筑内部的线条美。很多具有一定设计感的建筑都可以通过此种拍摄局部的方法来突出形式美感。因为画面本身色彩并不突出，所以将其转换为黑白色调，可以强化对线条及光影的表现。构图上则利用广角镜头独特的透视关系，形成发散式的线条布局，从而给观者以一定的视觉美感。

拍摄技法解析：此类照片的拍摄重点在于让线条或形状充满整个画面，并寻找一个能够表现这种线条或形状规律性的视角。在曝光方面，为了让线条都处在清晰范围内，要使用较小的光圈进行拍摄。由于处在室内，光线条件往往会比较差，但由于拍摄物是静止的，因此可以使用较低的快门速度，尽量将感光度控制在 ISO100，以提高画质。该作品在使用 f/8 的光圈时，快门速度设置为 1/100 s，无须提高感光度即可准确曝光。

佳片欣赏与分析12

【焦距：24 mm ┆光圈：f/11 ┆快门速度：1/15 s ┆感光度：ISO100】

佳作分析：国家大剧院是一座颇具现代感的建筑，在晴朗无风的天气下，通过水面的倒影形成的“巨蛋”景象为许多摄影师所钟爱。该张照片则通过夜景和水面的灯光展示了国家大剧院的另一种美。利用水下灯光形成的明暗线条作为视觉引线，将观者的注意力集中在主体，并使画面有一定的视觉冲击力。水平线处于画面中央很好地表达了国家大剧院的稳重之感，配合其本身的曲线设计风格，画面整体动中有静、静中有动。剧院内暖色灯光与渐暗的蓝色天空及反光材质的建筑表面形成色彩对比，令国家大剧院更具现代感。

拍摄技法解析：城市夜景的拍摄技法主要是对曝光进行控制，建议使用手动挡进行拍摄。该作品的前景在画面中起到了重要作用，因此需要让前景及主体均清晰，所以使用 f/11 的光圈来获得较大的景深。由于是在夜晚拍摄，光线很差，需要较低的快门速度，手持拍摄很容易因为手抖而将照片拍虚，因此建议使用三角架。快门速度的选择需要拍几张进行尝试，切记不要将夜景拍成白天的效果，因此天空及建筑本身有些欠曝反而是正确的夜景曝光方式，重点在于灯光的表现要突出。使用三脚架拍摄夜景还有一个好处就在于不用为了提高快门速度而使用较高的感光度，但如果手持拍摄夜景一定不要为了画质而不舍得提高感光度，否则因为抖动造成的影响要比因为高感光度产生噪点的影响严重很多，而且噪点是可以通过后期处理，模糊的照片却不能变清晰。

Chapter 14 风光实拍技巧

拍摄山景的技巧

采用逆光突出山脉的鲜明轮廓

运用逆光拍摄山体可以得到呈现优美线条的黑色轮廓效果；结合云雾拍摄，还可以获得渐变的黑白灰效果，强化了其轮廓在画面中的表现，层层罗列的剪影不仅突出呈现其连绵起伏之貌，还使画面更具有形式之美。在实际拍摄时，如果发现剪影轮廓不够明显时，可以适当地将曝光值降低 1～2 级，就能克服此问题，获得不错的画面效果。

【焦距：200 mm ¦ 光圈：f/6.3 ¦ 快门速度：1/100 s ¦ 感光度：ISO100】

▲ 使用广角镜头拍摄的逆光山峦照片中，山峰呈现出剪影的效果，在细节丰富的云彩的衬托下，整个画面显得非常大气

借用前景美化山脉

在拍摄各类山川风光时，总是会遇到这样的问题——如果单纯地拍摄山体，总感觉有些单调。这时候，如果能在画面中安排前景，配以其他景物（如动物、树木等）做陪衬，不但可以使画面显得富有立体感和层次感，而且可以营造出不同的画面气氛，大大增强了山川风光作品的表现力。

前景除了交代一定的环境信息外，还具有感性色彩的元素，从而使画面更有意境，扩展画面的信息，增加观者的想象空间。

利用花丛作为前景拍摄山脉，能够起到以下两个作用。

第一，烘托主题，增强艺术表现力。在前景花朵的映衬下，能够明显美化画面，使坚硬的山石与柔软的花朵之间形成对比。

第二，如果将前景处的花丛拍摄得模模糊糊，色调上也处理得比较淡，而后方的山脉则拍摄得比较坚实，则可以以虚映实，用虚化的前景去衬托山脉主体。

要拍摄出这种感觉，应该充分发挥广角镜头的作用。广角镜头不仅视角广阔，而且由于它的光学特性，靠近的被摄对象成像大、色调重，这就为拍摄前景提供了有利条件。

【焦距：35 mm ¦ 光圈：f/9 ¦ 快门速度：1/250 s ¦ 感光度：ISO100】

▲ 黄色树木作为画面的前景，交代了照片是在秋天拍摄的，同时也增加了画面的空间感，使雪山看起来更具立体感

拍摄日出、日落的技巧

借助前景拍摄生动的太阳

对风光摄影而言，前景多用于增加画面的空间感及层次感，同时也可以通过渲染画面的意境来增加日出、日落的感染力。但要注意，前景应该以简洁、衬托主体为目的，不要过于杂乱，以免影响画面的整体效果。在拍摄太阳时，可以采用广角镜头将前景处的对象更多地纳入画面中，利用前景中由于受到光线的影响而产生表面反光、折射等效果的景物来丰富画面的光影效果。

➤ 傍晚时分，昏黄的光线加上升腾的雾气使得太阳沉浸在一片寂静之中，然而湖中突然出现的天鹅打破了原有的平静，拖着长长的涟漪从远处游来，这样的情景顿时使画面充满了生机与活力

【焦距：55 mm ┆ 光圈：f/11 ┆ 快门速度：1/500 s ┆ 感光度：ISO200】

用小光圈拍摄太阳的光芒

为了表现太阳耀眼的效果，烘托画面的气氛，增加画面的感染力，可在镜头前加装星芒镜，以获得星芒的效果。如果没有星芒镜，还可以缩小光圈进行拍摄，通常需要选择 f/16~f/32 的小光圈，因为较小的光圈可以使点光源呈现漂亮的星芒效果。光圈越小，星芒效果越明显。如果采用大光圈，光线会均匀分散开，无法拍出星芒效果。

拍摄时要注意，使用的光圈也不可以过小，否则会使光线在镜头中产生衍射现象，导致画面质量下降。

➤ 在拍摄太阳时，尽量缩小光圈，以此来获得星芒效果，使得画面更具美感

【焦距：100 mm ┆ 光圈：f/22 ┆ 快门速度：1/30 s ┆ 感光度：ISO100】

利用落日拍摄逆光剪影效果

在拍摄日落剪影时，有两个突出表现的要点。一是轮廓简洁。剪影的暗部没有任何细节，唯一给人留下深刻印象的是其形状，杂乱的轮廓线条不但不会给观者留下好印象，还会破坏画面中夕阳的宁静与祥和，因此在拍摄时要特别注意。二是背景好看，即剪影以外的区域应该具有美感。因此，当前景轮廓线过于单调时，可将精彩点转移到背景的选择上，以表现繁复璀璨的天边彩霞；如果天空背景无较大变化，这时则需要前景具有丰富变化的形体或塑造有意思的外轮廓线来弥补。

切记，如果背景和前景都过于繁复时，画面会略显杂乱。反之，只有当繁简对比适度时，才会出现节奏感较好的画面，从而拍摄出简洁而不简单的剪影画面来。

精解9种风光摄影拍摄技巧

➤ 在拍摄日落时，对着天空进行测光，使地面上的景物与船只形成剪影效果，简洁的画面更加引人注目，给观者留下深刻的印象

【焦距：200 mm ┆ 光圈：f/9 ┆ 快门速度：1/30 s ┆ 感光度：ISO200】

拍摄冰雪的技巧

慢速快门拍摄纷飞的雪花

如果要表现雪花飞舞的景色，可以采用1/60 ~1/30 s的快门速度，这样能记录雪花飘落留下的一道道白色线条轨迹，雪花会呈模糊的线条状。拍摄时最好选择长焦镜头，因为使用广角镜头拍摄到的雪落线条较细，而长焦镜头可以把飘落的雪花集中在一个画面中，线条轨迹也更长，画面极富动感。如果此时能配以深暗色的景物作为背景，则可以获得更好的画面效果。

拍摄飘雪时，在构图方面要注意利用深色的背景，如建筑物、树林、山、房屋等，以将雪花飘落的轨迹清晰地衬托出来。

另外，最好选择下鹅毛大雪的天气，因为此时雪花的个体较大且密度适中，拍摄出来的雪花飘落的线条明晰、轨迹清晰，效果最佳。

【焦距：27 mm ┆ 光圈：f/4 ┆ 快门速度：1/30 s ┆ 感光度：ISO100】

➤ 通过1/30 s的相机设置将雪花飘落的瞬间凝固到画面中，暗色的柳枝、树木、湖面可以更好地突出雪花的飘渺意境，增强了画面的生动感，使观者产生身临其境的现场感

通过色调为冰雪营造不同的氛围

拍摄雪景时可以通过对白平衡及光线的控制，使画面中表现出不同的色调，从而营造出不同感觉的氛围。如果希望画面呈现为冷色调，可以选择“荧光灯”或“闪光灯”白平衡模式；如果希望画面呈现为暖色调，可以在夕阳斜照时进行拍摄。

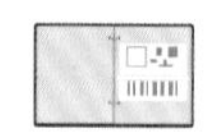

雪景拍摄技巧

【焦距：45 mm ┊光圈：f/5.6 ┊快门速度：4 s ┊感光度：ISO400】

拍摄冰雪时，利用“荧光灯”白平衡模式拍摄出蓝色的冷调，从而增强了冰雪冰冷的感觉

【焦距：100 mm ┊光圈：f/7.1 ┊快门速度：1/50 s ┊感光度：ISO100】

将雪拍摄成紫色，为画面增添了神秘、浪漫的色彩，削弱了冰雪寒冷的感觉

拍摄水景的技巧

利用对称构图拍摄静谧的湖面

拍摄水面时，要体现场景的静谧感，应该以对称构图的形式使水边的树木、花卉、建筑、岩石或山峰等倒映在水中。这种构图不仅使画面极具稳定感，而且也丰富了构图元素。拍摄的时间最好在风和日丽的天气，时间最好在凌晨或傍晚，以获得更丰富的光影效果。

如果采用这种构图形式，使水面在画面中占据较大的面积，则应该考虑到水面的反光较强，适当降低曝光量，以避免水面的倒影不清。作为一种自然结果，倒影部分的亮度不可能比光源部分的亮度更亮。

平静的水面有助于表现倒影，如果拍摄时有风，则会吹皱水面，扰乱水面的倒影，但如果水波不是很大，可以尝试使用中灰渐变镜进行阻光，从而将曝光时间延长到几秒钟，这样有可能将波光粼粼的水面上柔和的倒影拍摄下来。

【焦距：24 mm ┆光圈：f/16 ┆快门速度：1/4 s ┆感光度：ISO100】

5大风光题材的构图方法

◀ 拍摄时将水平线放置在画面的中间位置，因而形成了以水平面为轴的对称式构图，这样的画面带给人沉稳、宁静之感

长时间曝光拍摄雾状海面

海景是风光摄影中经常拍摄的题材，其拍摄重点往往是不停运动的海面，通过合理地设置快门速度，可拍摄出不同的海面效果。

绵延柔美的雾状海面只是一种画面效果，在自然界中是不存在的。若想表现出海面丝滑般的效果，需要进行较长时间的曝光。为了防止曝光过度，可以设置较小的光圈，如果画面还是过亮，应考虑在镜头前加装中灰滤镜，这样拍摄出来的水流是雪白的，呈现出雾状。

为了获得绵延的效果，可以选择低角度拍摄的手法，增加水流的动感，尽可能多地展现海面水流的轨迹，增加其绵延之感。需要注意的是，由于使用的快门速度很慢，所以一定要使用三脚架拍摄。

【焦距：50 mm ┆ 光圈：f/8 ┆ 快门速度：12 s ┆ 感光度：ISO100】

▲ 为了获得画面中云雾一般的海水效果，特意使用了中灰镜来延长相机曝光时间，对于长时间的曝光来说，三脚架的使用是必不可少的

不用滤镜也能拍出丝滑般水流

提高快门速度拍摄飞溅的浪花

要完美地表现出海浪波涛汹涌的气势，在拍摄时要注意对快门速度的控制。高速快门才能够抓拍到海浪翻滚的精彩瞬间。另外，最好采用侧光或侧逆光拍摄，这两种光线的优点在于使画面的立体感增强，尤其是能突出被凝固浪花的质感，使画面有“近取其质，远取其势”的效果。拍摄时最好使用快门优先曝光模式，以便设置快门速度。

➤ 使用快门优先曝光模式将光圈设置为一个较大的数值后，获得了很高的快门速度，画面中的浪花被凝固在空中，给人一种气势磅礴的感觉

【焦距：100 mm ¦ 光圈：f/9 ¦ 快门速度：1/640 s ¦ 感光度：ISO100】

全景烘托瀑布的壮美

如果摄影师所站的位置可以将其所处的周围环境一同纳入到画面中，则可以拍摄壮美的全景式瀑布景观，此时使用全画幅数码单反相机能够获得更开阔的画面。

像摄影师那样拍水景

➤ 使用广角镜头俯拍瀑布的全景，画面显得非常完美

【焦距：35 mm ¦ 光圈：f/11 ¦ 快门速度：1/180 s ¦ 感光度：ISO320】

拍摄花卉的技巧

使用大光圈虚化背景

如果无法以天空作为背景来拍摄花卉，也没有使用白色或黑色背景的条件，还可以通过使用大光圈将背景进行虚化的手法获得漂亮的背景。

这种方法既适合于突出表现花丛中的个别漂亮花卉，也可以表现若干平排在一个水平面上的花卉。

➤ 画面中背景的暗部面积比较小，花卉得不到很好的突出，所以拍摄时使用大光圈，在虚化背景的衬托下花朵显得非常突出

【焦距：200 mm ┆ 光圈：f/2.8 ┆ 快门速度：1/320 s ┆ 感光度：ISO100】

花卉与背景的色彩搭配

所谓万绿丛中一点红，红得耀眼、红得夺目，这种红与绿的配搭便是色彩对比的典型。无论是大面积绿色中的红色，还是大面积红色中的绿色，较小面积的颜色均能够在其周围大面积的对比色中脱颖而出。

了解这种色彩对比的原理后，可以在拍摄花卉时，通过构图刻意将具有对比关系的花朵与其周围的环境安排在一起，从而突出花卉主体。例如，可以用红和绿、蓝和橘、紫和黄等有对比关系的颜色使画面的对比更强烈，主体更突出。

100种荷花的拍摄技巧

➤ 以绿色的荷叶作为背景，使粉红色的荷花显得十分突出，营造出对比强烈的画面效果

【焦距：200 mm ┆ 光圈：f/3.5 ┆ 快门速度：1/320 s ┆ 感光度：ISO100】

选择不同的光位拍摄花卉

前面已经讲过，顺光拍摄景物形成的画面比较平淡，不利于景物立体感的表现。所以，如果在户外拍摄花卉时遇到顺光，可以人为地进行改变，如用白色的柔光板或其他较薄的纱巾遮挡一下光线，这样顺光就变得柔和无比，成了散射光线。散射光线对于景物的色彩表现非常敏感，而且有利于花卉形态的表现。

使用侧光拍摄可以在花卉上形成比较明显的明暗对比和强烈的层次感，非常适合表现花卉的立体感。但是拍摄时应当尽量不使用太过强烈的侧光，或者使用时对背光面进行适当补光。因为太过强烈的侧光会将花卉的暗部全部淹没，影响花卉的美感。

➤ 选择在侧光下拍摄花朵，因而花朵的纹理被很好地呈现出来，花瓣良好的质感表现使得画面效果更加突出

【焦距：35 mm ┆ 光圈：f/9 ┆ 快门速度：1/500 s ┆ 感光度：ISO100】

还可以使用逆光拍摄花卉，很多花卉处于逆光光线下会显得非常漂亮，因为在逆光下，花瓣会呈现出半透明状，花卉的纹理也能非常细腻地表现出来，为画面营造出一种神秘的氛围。

➤ 在逆光的条件下使用点测光对花朵的亮部进行测光，花朵获得准确曝光的同时呈现出漂亮的半透明状，在暗色背景的衬托下显得格外的突出

【焦距：280 mm ┆ 光圈：f/4.5 ┆ 快门速度：1/320 s ┆ 感光度：ISO640】

佳片欣赏与分析13

【焦距：180 mm ┆ 光圈：f/16 ┆ 快门速度：40 s ┆ 感光度：ISO100】

佳作分析：通过慢门拍摄方法表达云层的流动感，展现山峰若隐若现的美。动感的流云与静态的山峰形成动静对比，突出了山体的险峻。影调方面则通过中低调来表现其神秘感。不错的天气是使这幅作品美感得到提升的关键，美丽的霞光为画面染上了红色背景。

拍摄技法解析：在白天拍摄慢门效果的照片有两种主要方式。一种方式是通过使用减光镜来实现慢门拍摄。比如这张照片，在使用减光镜后，快门速度可以延长至 40 s，才能拍摄出如此漂亮的流云。另一种方式是通过后期堆栈。此种方法需要在前期拍摄几十张甚至上百张照片，然后通过 Photoshop 进行后期处理，即可模拟出慢门拍摄效果。两种方式拍摄的照片论画质，通过后期堆栈而成的慢门照片画质更好，图像更锐利。而添加减光镜拍摄的慢门照片虽说画质不如堆栈，但其色调却有独特之处，颇受老一代摄影师们所钟爱。

佳片欣赏与分析14

【焦距：70 mm ┆ 光圈：f/9 ┆ 快门速度：1/20 s ┆ 感光度：ISO100】

佳作分析：在风光摄影中加入人物是一种屡试不爽的拍摄方法，这会使一幅风光作品有了灵魂。同时，拍摄者有意选择了日落或日出前夕进行拍摄，此时的光线角度较小，可以使画面有较高的对比度，看起来更有质感。再对光影进行适当的后期处理，比如稍稍提亮暗部，让画面细节更丰富，或者对高光、阴影色调进行调整，增强画面给观者带来的陌生感。

拍摄技法解析：该幅作品在拍摄技法上并没有特别之处。如果没有画面上方的人物，该作品就是略显普通的风光照。构图采用的三分法，天空、岩石、前景的大海和岸边各占画面的1/3，也是很常规的构图方法。画面美感首先在于景色确实奇特，其次就是巧妙地加入了人物。人物的加入让这张照片有了灵性。岩石中间的缺口就好似是一扇门，我们站在门的这边向另一边望去，给观者以无限的遐想空间。

佳片欣赏与分析15

【焦距：18 mm ┆ 光圈：f/13 ┆ 快门速度：5 s ┆ 感光度：ISO100】

佳作分析：这是一幅慢门风光摄影作品，亮点在于取景角度非常好，再利用广角镜头的透视畸变，近景的瀑布既有动感又能提供不错的视觉冲击力，而远景的大片平原又给人以宁静之感，这种视觉的冲突性让人不得不惊叹大自然的鬼斧神工。

拍摄技法解析：拍到如此美丽的景色，令人不得不感叹大自然的奇妙，也应了那句话——在壮丽风景面前人人都能拍大片。但也不能忽略该幅作品应用的两个重要摄影技法。第一个摄影技法是全景深拍摄。全景深即指画面内的所有景物都在景深范围内，都是清晰的。该项技术在风光摄影中广泛应用。如果要仔细说明全景深的原理及应用方法，需要大篇幅的文字，这里只提出简单的全景深拍摄方法——使用广角镜头拍摄，保证光圈比 f/11 小，然后将对焦点选在画面的下 1/3 处，即可拍摄全景深画面。第二个摄影技法则是慢门拍摄。可以使用减光镜，也可以拍摄多张进行后期堆栈。该幅作品之所以快门速度能达到 5 s 就是因为使用了减光镜的缘故，也正是因为 5 s 的快门速度才能让瀑布呈现丝绸般细腻的质感。

佳片欣赏与分析16

【焦距：200 mm ┊ 光圈：f/10 ┊ 快门速度：1/125 s ┊ 感光度：ISO100】

佳作分析：通过将主体布置于黄金分割点附近，使得所占画面比例很小的主体也得以第一时间吸引观者的注意力，并且较小的主体反而使画面更有意境美，能够引发观者对生活在此地的情景进行联想。

拍摄技法解析：该作品之所以能够表达出较强的视觉美感，主要在于长焦镜头独特的透视关系所形成的空间压缩效果。广角镜头的透视关系会强化近大远小，善于表现两者之间的距离感；而长焦镜头的透视关系则会弱化近大远小，从而减弱两者间的距离感。因此，观者在看到这张照片时会形成房屋就在绝壁下的视觉感受，也由此增添了画面的美感。

另外，在拍摄雪景时，在使用平均测光时，建议增加1到2挡曝光补偿，因为相机会把大面积的白雪当作亮部处理，导致拍出来的画面曝光不足，在增加曝光补偿后，即可拍出雪景的洁白之美。这也是摄影师常说的“白加黑减”的实际应用。

Chapter 15
昆虫、宠物与鸟类实拍技巧

拍摄昆虫的技巧

把握拍摄的时间

清晨，太阳刚刚从地平线上升起，草丛中的温度还很低，昆虫们几乎都是静止不动的，它们要等太阳完全升起吸收了足够的热量后，才会开始一天的活动。这无疑给我们提供了绝佳的拍摄机会，只要找到它们，就可以从容地进行构图和拍摄。注意，此时光线不是很强，较差的光线可能会增加相应的曝光时间，因此要尽量选择最稳定的拍摄姿势，快门速度小于 1/20 s 时建议使用三脚架拍摄。

➤ 太阳升起之前，草地上的光线很弱，昆虫基本上静止在原地不动，所以使用闪光灯很容易拍摄到好看的微距照片

【焦距：200 mm ┆ 光圈：f/2.8 ┆ 快门速度：1/100 s ┆ 感光度：ISO100】

手动对焦

拍摄小景深的微距时，相对于自动对焦，手动对焦在拍摄中更有利于准确对焦，获取更高质量的画面。另外，精确的手动对焦也需要更多的经验和耐心，因此使用三脚架会有很大的帮助。

➤ 由于景深较小，使用手动对焦不易出现跑焦的现象，所以焦点准确地落在蜻蜓的大眼睛上，加之小景深强烈的视觉冲击力，使得画面效果十分震撼

【焦距：100 mm ┆ 光圈：f/3.2 ┆ 快门速度：1/200 s ┆ 感光度：ISO100】

选择最美的取景角度

由于昆虫常常出现在花丛或树叶中，在拍摄时要适当调整角度，让画面中被摄主体的阴影尽量减少。拍摄昆虫类照片时，对于用光的调整比较难，但是对于拍摄角度的调整相对比较容易一些，我们要做的就是用最快的速度找到昆虫最美的角度，然后按下快门。

➤ 拍摄蝴蝶时，将相机的焦平面与蝴蝶的翅膀保持重合，从而拍摄到清晰完整的蝴蝶翅膀纹样；在绿色背景的衬托下，翅膀上的斑点及纹理十分引人注目，同时草茎形成的斜线式构图增强了画面的形式美感

【焦距：200 mm ┆ 光圈：f/3.2 ┆ 快门速度：1/250 s ┆ 感光度：ISO200】

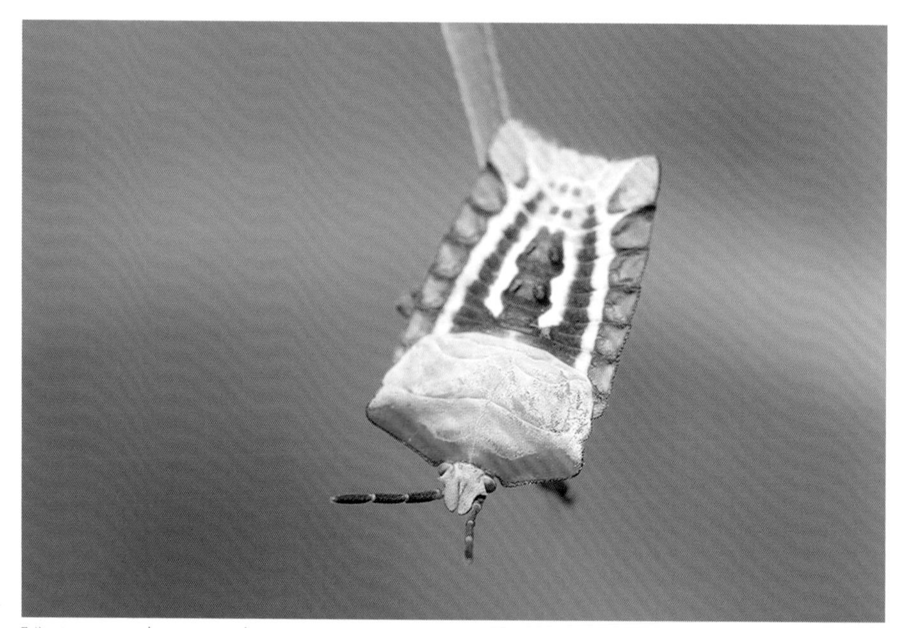

➤ 在光线较柔和的时候，采用俯拍的角度拍摄昆虫最好看的背部，在绿色背景的衬托下，昆虫的颜色及纹理在画面中显得十分突出

【焦距：60 mm ┆ 光圈：f/4 ┆ 快门速度：1/320 s ┆ 感光度：ISO100】

拍摄家庭宠物的技巧

小道具增加画面大情趣

在拍摄宠物时，经常使用小道具来调动宠物的情绪，丰富画面构成，增加画面情趣。

把某些看起来很可爱的道具放在宠物头部、身上，或者是让宠物钻进一个篮子里等，都会使拍摄的照片更加生动有趣。

家里常用的物件都可以成为很好的道具，如毛线团、毛绒玩具，甚至是一卷手纸都能够在拍摄中派上大用场。

5个小技巧拍摄喵星人

【焦距：60 mm ┊ 光圈：f/4 ┊ 快门速度：1/250 s ┊ 感光度：ISO200】

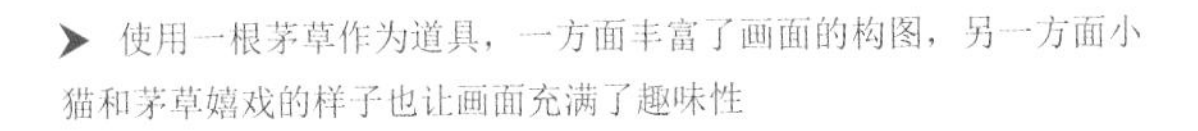

➤ 使用一根茅草作为道具，一方面丰富了画面的构图，另一方面小猫和茅草嬉戏的样子也让画面充满了趣味性

利用逆光拍摄宠物

逆光拍摄可以很好地表现小动物光滑的皮毛质感，拍摄时要选择深色的背景，可将好看的轮廓光衬托得更加明显，并且较容易突出小动物皮毛光洁、柔顺的特点。也可使用长焦镜头配合大光圈来表现宠物的局部，如它们的小耳朵，逆光下可使之变为半透明的可爱样子。

【焦距：200 mm ┆ 光圈：f/3.2 ┆ 快门速度：1/500 s ┆ 感光度：ISO200】

▲ 在逆光下拍摄一只斗牛犬，光线将它滑稽、可爱的轮廓勾勒出来，在虚化的背景衬托下显得格外突出

鸟类摄影通用技巧

以蓝天为背景拍摄鸟儿

为了很好地展示鸟儿的身姿，就要选择比较简单的背景环境。采用仰视视角，以天空为背景进行拍摄，可获得背景简洁、视觉感强烈的画面效果。由于天空比较纯净，也可使画面看起来很通透。为了不使画面感觉过于低调，可以选择站在树枝上的鸟儿作为拍摄对象，利用枝干来丰富画面。

【焦距：500 mm ┆ 光圈：f/8 ┆ 快门速度：1/500 s ┆ 感光度：ISO250】

▲ 以蓝天作为背景拍摄，画面显得非常干净，刚刚长出来的嫩芽使画面充满生机

以水面为背景拍摄鸟儿

在拍摄鸟儿时，如果以俯视的角度进行拍摄，则可以将水面作为画面背景，在获得简洁的背景的同时，避免了其他环境因素影响对焦准确度与速度。在拍摄水面上的鸟儿时，需要注意的是，由于水面的反光率较高，因此曝光量应该降低 1 挡，以得到层次丰富的画面效果。

【焦距：400 mm ┆ 光圈：f/5.6 ┆ 快门速度：1/2 000 s ┆ 感光度：ISO400】

▲ 以水面作为背景拍摄，水鸟显得非常自然。拍摄时在正确曝光的基础上设置了 -1 挡的曝光补偿，水面和水鸟都得到了合适的曝光

逆光将鸟类拍摄成为漂亮的剪影

逆光拍摄鸟类时，如果逆光的效果较强，或者拍摄时做了负的曝光补偿，则能够在画面中展现深黑的鸟类轮廓剪影，主体原有的细节、层次、色彩均被隐藏，鸟类的主体形象突出，整体影调统一。

在拍摄剪影或半剪影效果的照片时，如果光线较强，可以考虑将画面处理为半剪影效果，使翅膀看起来有种半透明的效果，而画面的整体基调可以冷色调为主；如果光线不强，如拍摄的时间段是傍晚甚至是光线较明亮的夜晚，则可以通过将测光模式设置为点测光的模式，针对较明亮处测光，使鸟类的主体因曝光不足而全部成为剪影效果，而画面的基调则可以考虑以暖色调为主。

如何拍摄鸟儿的技巧

【焦距：70 mm ┆ 光圈：f/8 ┆ 快门速度：1/2 000 s ┆ 感光度：ISO400】

▲ 在逆光下拍摄飞鸟，以飞鸟受光处的羽毛作为曝光依据，背景曝光合适，细节丰富，而飞鸟呈现出半剪影的形态，暖色调画面显得非常和谐

佳片欣赏与分析17

【焦距：350 mm ┆ 光圈：f/4 ┆ 快门速度：1/1 000 s ┆ 感光度：ISO320】

佳作分析：该幅作品捕捉到了小鸟分享食物的瞬间，也只有通过摄影师的镜头，观者才能欣赏到如此精彩的瞬间。作品的突出之处在于对瞬间的把握，以及拍摄难度。摄影师拍摄了成千上万张野生鸟类的照片，才能拍摄到这一张无论从光线还是形态都几近完美的照片，实属不易。

拍摄技法解析：野生动物的拍摄过程是非常辛苦的，为了尽量隐蔽自己，需要摄影师在拍摄时保持相对静止状态，并且该状态往往需要持续几个小时的时间。这是因为野生动物是很警觉的，稍有异常就会逃离拍摄范围。在拍摄参数上，使用长焦是最基本的，只有保持一定距离才能在不被发觉的情况下拍摄。为了保证能够捕捉到每一个精彩瞬间，在拍摄鸟类这种动作速度很快的动物时，使用高速快门也是必须的，该片使用了1/1 000 s的快门速度，才能让这一瞬间清晰地展现在观者眼前。而为了提高快门速度，并尽可能地降低感光度，在景深足够的情况下，要尽可能地使用大光圈拍摄。一定得提高感光度，能够抓住瞬间才是最重要的，因此为了保证快门速度足够高，拍摄该照片的感光度为ISO320。

佳片欣赏与分析18

【焦距：70 mm ┆ 光圈：f/2.8 ┆ 快门速度：1/500 s ┆ 感光度：ISO100】

佳作分析：这幅作品展示了精妙的用光可以为照片美感带来巨大的提升。通过右侧的小角度侧逆光为猫打上了漂亮的亮边，而其余部分的亮度远远不及画面中的亮部，通过对曝光的控制就可以处理成纯黑色。这样，一张典型的暗调摄影作品就拍摄出来了。另外，该作品在构图上，通过大面积的留白，尤其是猫视线方向的留白，为画面增添了不少意境美。

拍摄技法解析：虽说同样是动物摄影，但由于不是野生动物，拍摄难度就会下降很多。如果拍摄对象是家里的宠物，与拍摄者会比较亲密，就可以有近距离拍摄的机会，动物的形态也更好把握。在拍摄时可以有意地用它喜欢的物件来吸引其注意力，以获得不错的拍摄机会。在曝光方面，此类暗调摄影作品适合使用点测光来进行拍摄。将测光点选择在画面的高光部分进行测光，就可以拍摄出此类风格的照片。当然，光线环境要有足够的明暗对比。

佳片欣赏与分析19

【焦距：180 mm ┆光圈：f/3.5 ┆快门速度：1/320 s ┆感光度：ISO100】

佳作分析：由于昆虫的体积较小，用肉眼很难观察到其具体的结构、纹路。但通过使用微距镜头，观者所能欣赏到的世界就更丰富了。就像上面这幅作品，如果不是这张照片，就无法发现原来昆虫也有如此艳丽的色彩与纹路。由于使用微距镜头拍摄，镜头距离昆虫会比较近，配合长焦及大光圈，就形成了很浅的景深效果，背景被完全虚化，有效突出了主体。

拍摄技法解析：使用微距镜头一定要注意防抖。其原因在于近距离拍摄微观世界的景物时，由于被拍摄对象体积太小，所以镜头即便是轻微的抖动，但相对于拍摄对象则是很严重的晃动。因此，建议在使用微距镜头时配合三脚架进行拍摄，如果觉得三脚架太笨重，在拍摄时不要忘记开启防抖，并且尽量提高快门速度。

佳片欣赏与分析20

【焦距：320 mm ┆ 光圈：f/4.8 ┆ 快门速度：1/1 250 s ┆ 感光度：ISO320】

佳作分析：这是一幅动物捕食瞬间的特写作品，采用斜线构图，增强了画面的运动感。运用高速快门，使得小鱼甩出的水滴都清晰可见，画面整体给观者以较强的视觉冲击力。

拍摄技法解析：首先需要说明的是，这幅作品进行了后期裁剪的操作，也称为二次构图。为了让画面能够更好地突出主体或是表现美感，通过后期对照片进行二次构图是很常见的处理手段。该张照片只保留鸟类头部和被捕食的小鱼，充分展现了捕食瞬间的美感。其次就是对焦技术。为了能够对高速运动的目标进行准确的对焦，建议使用连续对焦功能，并且将对焦区域模式选择为多点区域对焦，这样可以在最大限度上保证持续对运动物体准确对焦。

佳片欣赏与分析21

【焦距：170 mm ┆ 光圈：f/4.5 ┆ 快门速度：1/320 s ┆ 感光度：ISO100】

佳作分析：动物摄影作品的优劣主要从三个方面来判断，一是拍摄的动物是否稀有，二是抓住的瞬间是否精彩，三是画面是否有足够的美感。该幅作品以小鸟翅膀挥动的瞬间为亮点，并进行运动模糊处理，突出了画面的运动感。

拍摄技法解析：该幅作品最主要的摄影技法是对快门时间的控制，使小鸟挥动的翅膀形成运动模糊效果。建议在拍摄此类效果时，将拍摄模式选择为快门优先曝光模式，设定快门速度在 1/200 s 左右即可。如果快门速度过低，会导致小鸟的躯干也出现运动模糊，而快门速度过高，则无法实现挥动翅膀的模糊效果。

佳片欣赏与分析22

【焦距：105 mm ┆ 光圈：f/3.5 ┆ 快门速度：1/320 s ┆ 感光度：ISO320】

佳作分析：在日常生活中，很少会有闲暇去观察微观世界，因此当看到微距摄影作品时，或多或少都会给予观者一些视觉冲击。优秀的微距作品往往需要拍摄者很强的观察力及去寻找、发现的耐心。像这幅作品，3 只昆虫叠在一起的景象十分少见，而且昆虫的色彩与环境色形成了对比色，令其更加突出。长焦、大光圈、近距离拍摄获得了良好的虚化效果，提升了画面美感。

拍摄技法解析：该作品在拍摄技法方面并没有新颖之处，可贵之处在于拍摄者的观察力，能够发现这种细小的奇妙景象。另外，微距摄影也需要拍摄者强大的耐心，不经过几小时，甚至是几天、几个月的时间去发现、寻找，是无法拍摄到此种景象的。